月30万以上を確実に稼ぐ!

メルカリで中国輸入→転売実践講座

はじめに

こんにちは、阿部悠人（あべゆうと）です。

いきなりですが、私はメルカリ転売を始めてたった半年で、「1ヶ月の利益が120万円」というレベルにまで達することができました。

その秘訣は、前作『月に30万円稼ぐためのメルカリ転売入門』でご紹介した「国内転売」だけでなく、「中国輸入」を駆使したメルカリ転売を実践したことです。

「中国」と聞くと、なんとなくリスクを感じる人もいるのではないでしょうか。しかし、実際はいくつかの注意点さえ押さえれば、全く問題ありません。本書では、安全に中国から仕入れる方法をしっかりご紹介していくので、ご安心くださいね。

そもそも、中国輸入はメルカリ転売にとても向いています。月30万円と言わず、それ以上の額を、確実に稼ぐことができます！

中国仕入れには、国内仕入れと比較すると、次のような特徴があります。

- 仕入れの値段が安く、利益率が高い
- 在庫切れのリスクが低く、安定的な販売ができる

中国仕入れでは、工場や卸など商品製造の上流から商品を取り寄せることになります。

中間業者を挟まないため、安く仕入れることができるのです。
もちろん、その分、利益率も圧倒的に高くなります。さらに、予期せぬ在庫切れの心配も防ぐことができ、良い事づくめなのです。

本書ではとくにノーブランド品を中心に扱っていくのですが、次のような特徴があります。

- 初心者でも扱いやすい
- メルカリで売れやすい

ノーブランド品なら仕入れ値が安いため、少額の資金で始めることができます。さらに、「本物かどうか」のチェックが不要なので、初心者でも取り扱いやすいのです。さらに言うと、メルカリユーザーはおしゃれで安いものを好む傾向にあるので、ノーブランド品がぴったりなんですね。

本書では、なるべく高利益で転売する方法をたくさんお伝えしていきます。難しい手法は一切なし。簡単かつ基本的なことを、丁寧に、効率的に行うだけです。まずは、確実に月30万円以上を稼げるようになりましょう。そしてその先も、皆さんの工夫次第でどんどん稼げるようになります。

今以上に、自由な時間やお金の余裕を手にして、あなたの夢を叶えてください ね！

第2章

国内仕入れからステップアップ！中国からの輸入でさらに利益を上げよう

第3章

「確実に売れる商品」を仕入れて稼ぐ方法とは

第4章
中国からの輸入で絶対に注意してほしいこと

第5章 メルカリ特有の「販売のコツ」を押さえておこう

無料特典動画について

本書では、読者様限定の無料特典として、次の「メルカリ転売のノウハウ動画」をご用意しました。

- 初心者でもすぐわかる中国輸入の流れ
- すっきりわかる国内転売と中国輸入の違い
- これは必ずおさえておきたい中国輸入の仕入先を紹介
- 先に知っておきたい中国輸入でのお勧めの扱う商品
- 売れている商品のリサーチ方法
- 仕入先を効率的に探すための手法
- 稼げる商品を芋づる式に探す方法
- 中国輸入に必須な輸入代行会社の使い方とは
- メルカリでの出品方法を徹底解説
- さらに売上を上げるためのテクニック

ご興味ある方は、お手数ですが以下のURLにアクセスして頂き、パスワードを入力して手に入れてください。

URL http://a-be.biz/china-import/
PASS china0515

なお、こちらのQRコードをスマホの「QRコードリーダー」にて読み取っていただけますと、特典サイトへアクセスすることができます。

第1章

本気で稼ぎたいなら「メルカリでネット転売」が最強

1-1

フリマアプリを使ったネット転売

初心者でも圧倒的に成果を出しやすい「転売」

この本を手に取ってくれた方の多くは、「転売で稼ぎたい！」と思っているのではないでしょうか。そんな方におすすめなのが、メルカリをはじめとしたフリマアプリやフリマサイトを利用した「転売ビジネス」です。

転売は、数あるネットビジネスの中でも、最も難易度が低く、初心者でも圧倒的に成果を出しやすい方法だと言えます。

では、「転売ビジネス」が初心者でも成果を出しやすいという理由には、どのようなものがあるのでしょうか。

転売ビジネスが初心者にもやさしい理由

①特殊なスキルがなくても、商品自体の価値で売ることができる

転売の基本は、「安く仕入れて、高く売る」こと。つまり、セール品を見つけて、それを通常の値段で売るだけでも利益を出すことができます。売る人によって商品の価値が変わるわけではないので、販売テクニックはほとんどいりません。

また、コンサルティングのような無形のものではなく、有形でかつ既にあるものを売る行為なので、ビジネス初心者にも簡単に「自分でも売ることができる」というイメージを持てると思います。初心者にとって、「自分が稼ぐイメージ」を持てることは、ビジネスを進めていくうえで重要な役割を果たすのです。

②自分で集客する必要がない

転売をするために、自分でWebサイトやブログを立ち上げる必要はありません。フリマサイトやフリマアプリでは、多くの人が物の売買をしています。つまり、自分で集客をする必要がありません。

ユーザー登録者の数が多ければ多いほど、物品を買う人の数も多くなります。そのため、規模が大きくて人気のある場を使うことで、広告や宣伝をしなくても商品を置いておくだけで、たくさんの買いたい人に出会うことができるのです。

③手軽に始められて、早く収益に結びつく

ネットビジネスの代表格と言えば「アフィリエイト」ですが、アフィリエイトは「自分でサイトを作って、サイトに載せた商品が売れたら、その紹介料が入ってくる」という仕組みですから、まずサイトに人を集めなければなりません。そしてそのために、記事を増やし、アクセス数を増やしていかなければなりませ

ん。かなりの労力が必要ですし、時間もかかります。また、紹介した商品が売れても、報酬が手元に入ってくるのは2〜3ヶ月後。それに比べて、転売は数日〜数週間で報酬を得ることができます。特に、メルカリなら1品3分で出品できて、早ければ数分で売れます。そして、その売り上げも1週間程度で受けとることが可能です。

このように、転売には「初心者でも手軽に始められて、結果がすぐに見えやすい」という特徴があります。また、大きな資金を事前に準備する必要もありません。だからこそ、ネットビジネスの中でも転売がおすすめなのです。

これまでネットで商品を売買する場としては、楽天市場やAmazonなどが主流でした。しかし、近年ではフリマアプリが続々と登場し、人気は右肩上がりです。さまざまな転売ビジネスができる場（プラットフォーム）があるので、代表的なものを見ていきましょう。

楽天、Amazon、メルカリ・・・転売の場はたくさんある

転売できるプラットフォームとして規模が大きいのは、楽天市場、Amazon、ヤフオク!です。

楽天市場は、たくさんのECショップが出店している、総合ショッピングモール。出店している店舗数は、44000店舗以上にものぼります(2017年3月末時点)。

Amazonは、アメリカ発のオンラインストアです。日本では書籍販売からスタートしました。今では、あらゆる商品を販売する総合ストアになっています。出店数は178000店舗(2015年6月時点)です。

図1-1-1 転売できるサービス比較表

サービス名	運営会社	開始時期	ユーザー数
楽天市場	楽天	1997年5月	11489万
Amazon	Amazon	2000年11月	-
ヤフオク!	Yahoo!	1999年9月	1861万
Yahoo!ショッピング	Yahoo!	1999年9月	-
メルカリ	メルカリ	2013年7月	6000万
新ラクマ	Fablic	2018年2月	約1400万

ヤフオク！は、日本最大級のネットオークションサイトとして、多くの人が利用しています。

そして現在、「フリマアプリ」として人気が高いのは、メルカリ、フリル、ラクマの3つ。これらが、3大フリマアプリと言われています。（2018年2月26日よりフリルとラクマは統合。以降「新ラクマ」と表記）

サイトよりもアプリでの転売がおすすめ！

転売をするにあたって、フリマアプリが出てくる以前は、前述のAmazonやヤフオク！といったWebサイトが使われていました。フリマアプリが最初に登場したのは2012年です。それまでは、パソコンを活用した転売ビジネスが主流で、ヤフオクやAmazonなどで転売ビジネスをしている方がたくさんいました。そのため、競争が激しく初心者が気軽に参加して稼ぐのは結構厳しい状態でした。

ところが、フリマアプリが出始めてから転売ビジネス業界は大きく変わりました。スマホアプリで簡単に出品、販売ができるようになり、さらにライバルもずっと少ないのです。今こそ、フリマアプリ転売を始める絶好のタイミングだと言えます。

フリマアプリには、大きく分けて2つの種類があります。メルカリのように、さまざまな商品を総合的に扱うフリマアプリは「総合フリマアプリ」と呼ばれています。それに対して、専門的な商品や特定のジャンルの商品だけを扱うフリマアプリもあり、「特化型フリマアプリ」と呼ばれています。

総合フリマアプリ

- メルカリ
- 新ラクマ
- ショッピーズ

特化型フリマアプリ

・オタマート（オタクグッツ）
・セルバイ（釣り具）
・golfpod（ゴルフ）
・minne（ハンドメイド）

今すぐ始めたい！フリマアプリでのビジネス

それでは、フリマアプリが転売ビジネスに向いている理由について、詳しく見ていきましょう。

スマートフォン向けインターネットリサーチサービス「スマートアンサー」が実

施したアンケート調査「2016年1月フリマアプリに関する利用実態調査」によると、ユーザーがフリマアプリを利用する理由として多かった上位2つは、次のようになっています。

1位：安く買えるから（52・6%）
2位：簡単に利用できるから（44・3%）
（参考：https://moduleapps.com/mobile-marketing/res-freemarket/）

フリマアプリが人気になったのは、買い手側が感じる「手軽さ」が大きな要因です。つまり、ビジネス目的の人よりも、普段の買い物に使っている人が多いということです。まだまだ「売る側」が少ないと言えるのではないでしょうか。

また、同調査による「ビジネス目的でフリマアプリを利用している」と考えられる人の回答は、次の通りです。

4位：お小遣い稼ぎができるから（39・2％）
10位：高く売れるから（18・2％）

やはり、「売り手」としてフリマアプリを積極利用している人の割合は、そう多くないということがわかります。転売ビジネスを始めるにあたって、まだまだライバルは少ないということです。

そして、「ビジネス目的ではないユーザーが多い」プラットフォームで転売をすることには、さまざまなメリットがあります。例えば、「この商品は、だいたいこの値段」だという基準がまだできていないことが多いのです。そのため、少し高めの値段設定で出品しても、商品を売ることができます。

フリマアプリでの転売がおすすめである理由

①始めやすい
・アカウントの取得が簡単
・出品作業が1品3分でできる
・登録、出品にお金がかからない

②市場が伸びている
・たった3年で4000万DL突破

③転売ビジネスを目的とするライバルが少ない
・激しい価格競争を避けることができる

メルカリは、圧倒的に転売に有利！

図1−1−2を見てください。メルカリの日本国内DL数は6000万（2017年12月現在）。メルカリだけが、他のフリマアプリを引き離しています。つまり、メルカリの最大の魅力は使っている人の多さ。言いかえれば圧倒的な集客力の強さです。

なぜ、メルカリだけ群を抜いて人気になったのでしょうか？

次の1−2では、メルカリの特徴と人気の秘訣について考えてみたいと思います。

図1-1-2 フリマアプリ比較表

サービス名	運営会社	DL数	開始時期	出品ジャンル（or 主な特徴）
メルカリ	メルカリ	4000万	2013年7月	ファッション、ホビー商材が強い
新ラクマ	Fablic	約1400万	2018年2月	ファッション、コスメ、ホビー商材が強い

1-2 なぜ、メルカリが一番稼ぎやすいのか

こんなにすごい！メルカリの特徴

数あるフリマアプリの中で、なぜ「メルカリ」が最も稼ぎやすいと言えるのか。その理由は、利用しているユーザーが圧倒的に多いからです。

- 強い集客力を持つ
- 出品数が多い
- スピーディーに売れる
- 幅広いジャンルの商品が売れる

では、それぞれの特徴について、数字で詳しく見てみましょう。
（参考：https://www.mercari.com/jp/info/20160616_infographic/）

●特徴その1　強い集客力を持つ

2017年12月、メルカリのダウンロード数は6000万DLを突破しました。他のフリマアプリは、多いものでも600万DL程度。メルカリは、桁違いにユーザー数が多いということがわかります。

つまり、「強い集客力を持つ」プラットフォームだということなのです。図1-2-1を見ると、今でもDL数が増えていることがわかります。

また、売上は２０１６年６月の決算で１００億円を超えています。なんと、前年比は２・89倍。営業利益も32億円と、初の黒字化を達成しました。

（参照：http://www.itmedia.co.jp/business/articles/1611/15/news110.html）

図1-2-1 メルカリのダウンロード数推移

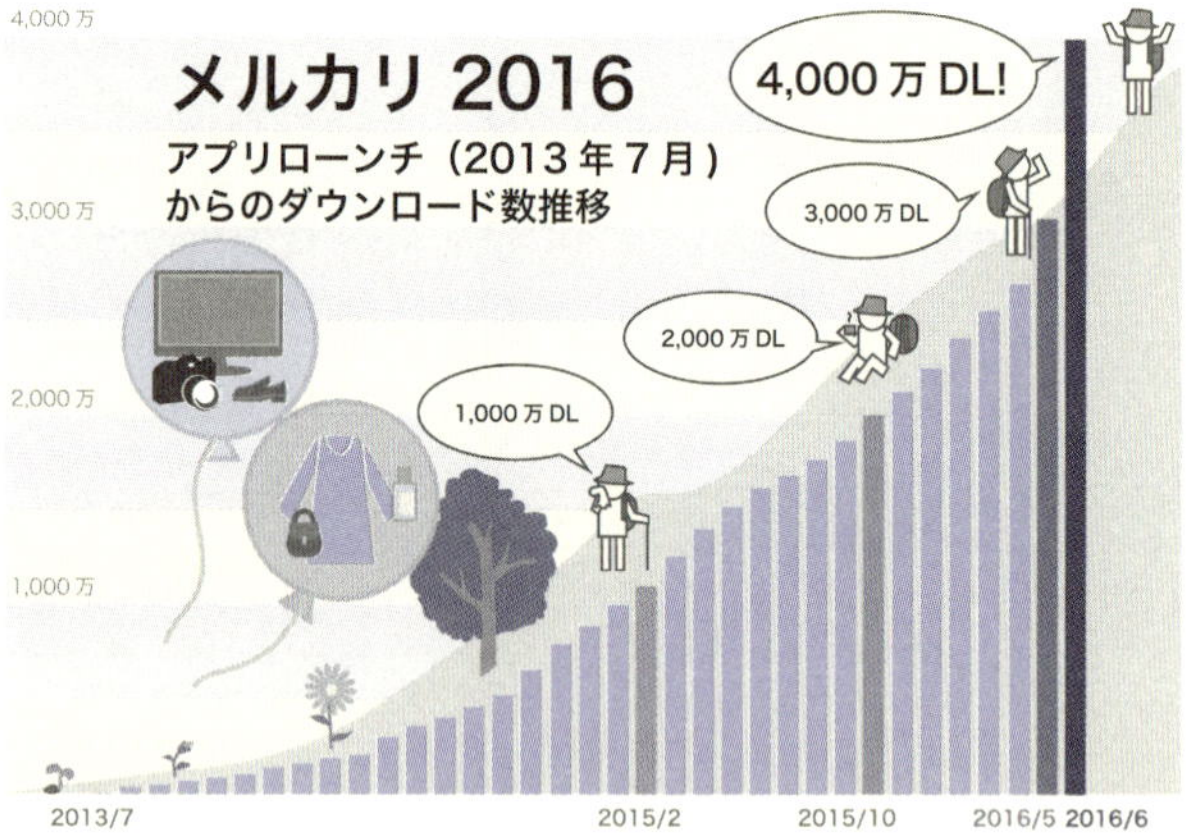

2013年7月にスタートしたメルカリですが、たった3年ほどで4000万DLと右肩上がりで急成長中です！

●特徴その2　スピーディーに売れる

メルカリで売れた商品の約半数が、24時間以内での取引成立です（2016年5月の販売実績）。出品してから何週間もかかるとなると、なかなかビジネスにしづらいものなので、これは魅力的な特徴の1つだと言えるでしょう。また、いままで1万円以上売り上げた人数は、177万人（※）にものぼります。

●特徴その3　幅広いジャンルの商品が売れる

メルカリでは、レディース、エンタメ、メンズ、家電、ハンドメイドなど、さまざまなジャンルの商品を販売することができます。フリマ市場で定番の洋服類はもちろん、車などの高額商品まで売れているのです（高額商品は分割決済という決済方法もあるため、売れやすい傾向があります）。

※：リリース時から2016年5月までに、合計で1万円以上売却したことがある人数。

図1-2-2 ジャンル別の販売点数の割合

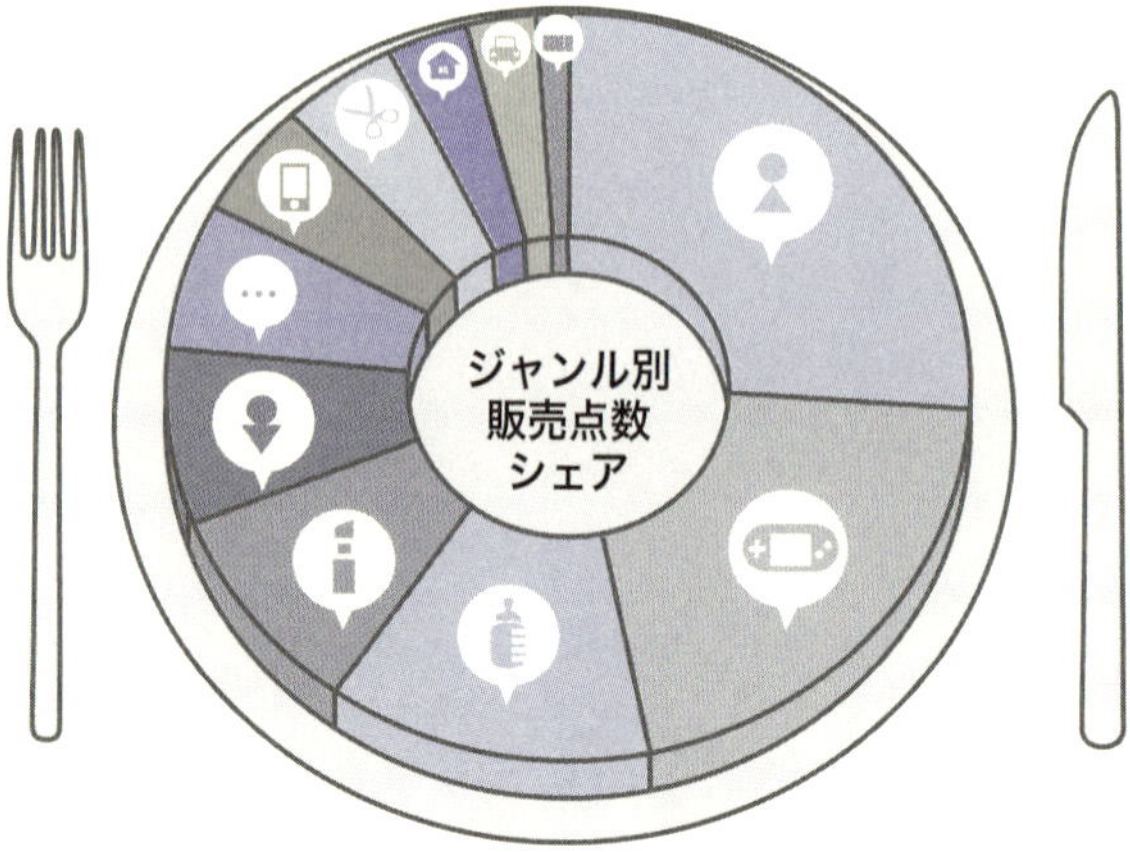

レディース	26%	家電・スマホ	5%
エンタメ・ホビー	22%	ハンドメイド	5%
ベビー・キッズ	13%	インテリア・住まい・小物	5%
コスメ・香水・美容	9%	スポーツ・レジャー	5%
メンズ	8%	チケット	5%
その他	5%		

女性や主婦向けの商品の割合が大きいですが、男性向けの商品も意外と高単価でよく売れるため、男女問わずバランスの良い市場です。

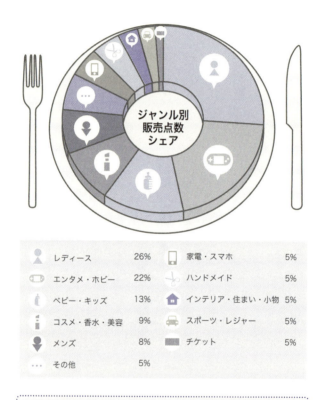

他の転売プラットフォームと比較してみよう

メルカリが稼ぎやすい特徴を持っていることは、おわかりいただけたと思います。では、他の販売プラットフォームと比べて「メルカリが優れている」と言えるのは、なぜでしょうか？

他のサービス（Amazon、ヤフオク！、新ラクマ）と比較するために、それぞれの特徴を見てみましょう。

Amazon

Amazonは、物販・転売で稼ぐことを目的にした、いわば転売プロがたくさん集まっている場です。プロたちは、自分で仕入れから販売までをおこない「利益を出すこと」を目的として売っています。つまり、商品の価値（世間のニーズからどれくらいあるのか）を客観的に把握して売っているのです。そのため、同じ商品であれば大きな値段の差がなくなり、価格競争が激しくなっています。

つまり、高額で売るのは難しいため、少しでも安く仕入れる高度なテクニックやネットワークが求められる場なのです。

ヤフオク!

ヤフオク!では、オークション形式を基本として取引がおこなわれています。オークションなので、需要と供給の関係で値段が決まるのが特徴です。そのため、人気商品であれば高い値段がつきますし、あまり人気がない商品であれば安い値段をつけないと買ってくれる人はなかなか現れません。

他のフリマアプリ

フリマアプリはメルカリ以外にもたくさんあるのですが、総合型のフリマアプリに絞ると新ラクマが約1400万DLとなっています。(新ラクマはラクマとフリ

ルが統合してできた新しいフリマアプリです）

統合前の両アプリについて紹介すると、まずフリルは、日本で初めて誕生したフリマアプリです（２０１２年７月リリース）。女性向けの洋服やハンドメイドアクセサリーなどのファッショングッズの取引が中心です。

最初は女性専用のアプリでしたが、２０１５年７月から男性も利用できるようになりました。次にラクマは２０１４年11月に楽天から登場したアプリです。ＤＬ数は４００万程度で他のアプリに比べると小規模でした。

●メルカリ

メルカリの特徴も、簡単におさらいしておきましょう。フリマアプリの中でも、メルカリのユーザー数は６０００万ＤＬと、業界２位のフリル（※統合前：６００万ＤＬ）を大きく引き離しています。出品数も利用者数も多いからこそ、他のどのサービスよりも、メルカリが転売に向いているのです。

メルカリならでは! ココが使いやすい

メルカリの特徴の中でも、とくに使いやすくおすすめと言えるものをご紹介します。

リサーチ作業が簡単

転売ビジネスにおいて大事なのは、「売れる人気商品をいかに見つけるか」です。メルカリ内で人気の商品をいち早く見つけることが、メルカリでの転売を成功させる秘訣。売れる商品を見つけるリサーチ作業は欠かせません。

メルカリは、スマホで売れる商品をリサーチすることができるので、ちょっとしたすき間時間を活かしてリサーチ作業をすることができます。リサーチの方法は、売り切れになっている人気の商品を検索するだけ。売り切れになった商品がいくらで売られたのか、すぐに調べることができます。

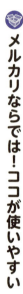

コメントのやりとりで購入意欲をアップできる

メルカリには、購入前に、買いたい人から売り手へ、一言「購入希望です」とコメントを付ける独特の文化があります。この文化は、メルカリのサービス開始当初から続いているものです。メルカリを使っているユーザーには、「ネット上で出品・販売をするのが初めて」という人が多く、取引前に相手と一度やりとりをして安心したいと考える人がたくさんいることから定着しました。

このコメントをうまく使うことで、お客さんの購入意欲をアップさせることができます。お客さんが気になっている点について、迅速で丁寧な返信を心掛ければ、信頼度をアップさせたり、不安を解消することができます。そうすることで、購入検討から一歩先の「購入しよう」という気持ちへ、お客さんを後押しすることができるのです。

●エスクローサービス（※）で、ネット売買でのリスクを回避できる

ネットでの売買で不安になる点として、「入金したけれど、商品はきちんと送られてくるだろうか」、「商品を送ったけれど、きちんと支払いされるだろうか」といったものがあります。対面で直接やりとりできるわけではないので、お金や物品の受け渡しに関するトラブルの可能性も考えなくてはなりません。

そこで、メルカリはトラブルが起こらないよう、販売者と購入者の間にメルカリが入って、お金の受け渡しなどを仲介してくれるサービスを用意しています。これは、エスクローサービスと呼ばれるものです。

エスクローサービスについて

エスクローサービスを利用すれば、ネット転売のリスクを避けることができます。

※：販売者と購入者の間に第三者が入って、代金を一時的に預かってくれるという、取引の公正さと安全性を保証してくれるサービス。

ネット転売でのリスクは?

出品者視点
・入金がされず、取引が進まない
・商品を送ったのに、入金されない
購入者視点
・入金したのに、商品が届かない
・不良品が届いた
・商品イメージの写真とはかけ離れた物が届いた

エスクローサービスでは、こういったトラブルが起きないように第三者(ここではメルカリ)が間に入って管理してくれるのです。

では、エスクローサービスを使った場合の商品とお金は、どのように移動するのでしょうか?

商品とお金の流れは、次のようになります(図1-2-3も参照)。

①購入者からメルカリへ代金を支払い
②代金はメルカリが一旦預かり
③出品者は、購入者へ商品を発送
④購入者のもとに無事商品が到着
⑤メルカリから出品者へ代金を支払い

また、エスクローサービスは転売する人にとって、次のようなメリットをもたらします。

・商品発送で支払いが確実にされることが保証される
・取引のキャンセルがあっても、対応が簡単
・お金の移動に関する言い争いが起こりにくい

このように、メルカリがしっかりと管理してくれるので、安心して取引を行うことができるのです。

図1-2-3 エスクローサービスとは

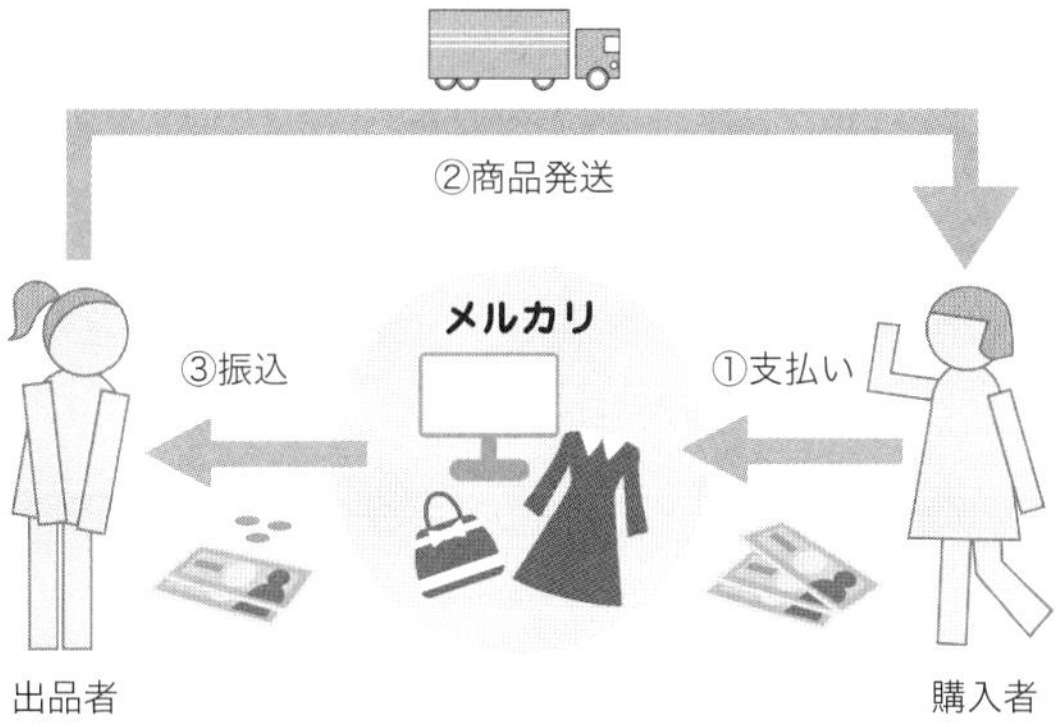

購入者は商品を購入する時、直接出品者に支払うのではなく、一旦メルカリに支払います。そして、商品が届いたのが確認されたら、出品者にはメルカリから手数料を引かれた料金が振り込まれるという流れになっています。

1-3

さっそく、メルカリで転売を始めよう

まずはアカウントを作る

転売やメルカリについて理解を深めたところで、いよいよ実際にメルカリを使う準備を進めましょう。まずは、アカウントの作成とプロフィール設定です。アカウントは、5分もあれば作ることができます。

今回は「メールアドレスで登録」を選択しアカウントを作る方法について、詳しく解説します（FacebookやGoogleのアカウントでも作成できます）。

最初に登録するのは、次の情報です。

・メールアドレス
・ニックネーム
・パスワード
・携帯の電話番号
・招待コード（無くてもOK）

メールアドレスには、メルカリからの通知メールが届きます。頻繁にメルマガが届くというわけでなく、例えば購入した商品を相手から発送された時などに通知が送られてくるので、いつでも確認できるメールアドレスを登録するとよいでしょう。

ニックネームは、他のユーザーから見られるものです。「ニックネーム＝自分のショップの名前」を付けるとよいでしょう。アカウント作成後、何回でも変更することができます。またニックネームを工夫することで、転売を有利におこなうことが可能です。

パスワードは、お好みで付けてください。設定画面からいつでも変更できます。

携帯の電話番号は、会員登録を済ませた後の認証時に必要です。SNSに送られてくる4桁の認証番号を入力しましょう。メルカリでは、1人のユーザーが複数アカウントを所持することを禁止しています。そのため、1つの携帯端末から登録できるアカウントは1つです。

招待コードの入力は任意です。入力しなくてもアカウントを作ることができますが、招待コードを入れれば、メルカリから買い物に使えるポイント（50～1000pt）がプレゼントされます（1pt＝1円）。招待コードは、すでにメルカリを使っている友人から発行してもらうことができます。

●インストール後すぐに出てくる画面

iPhoneならApple Store、AndroidならGoogle Playでアプリを探します。「メルカリ」と検索して、アプリをインストールし、起動します（図1-3-1）。

図1-3-1 インストール後すぐに出てくる画面

●●●●● docomo
9:52
スマホでかんたん
フリマアプリ
メルカリは始めたその瞬間から
すぐ売ったり買ったりできる
フリマアプリです
次へ

iPhone なら Appstore、
Android なら google play store
を開いて「メルカリ」と検索して
ください。見つけたらインストール
をし、アプリを起動します。

●「メールアドレスで登録」を選択する画面

メールアドレスで登録する手順で説明します（FacebookやGoogleと連携させて登録可。図1-3-2）。

図1-3-2 「メールアドレスで登録」を選択する画面

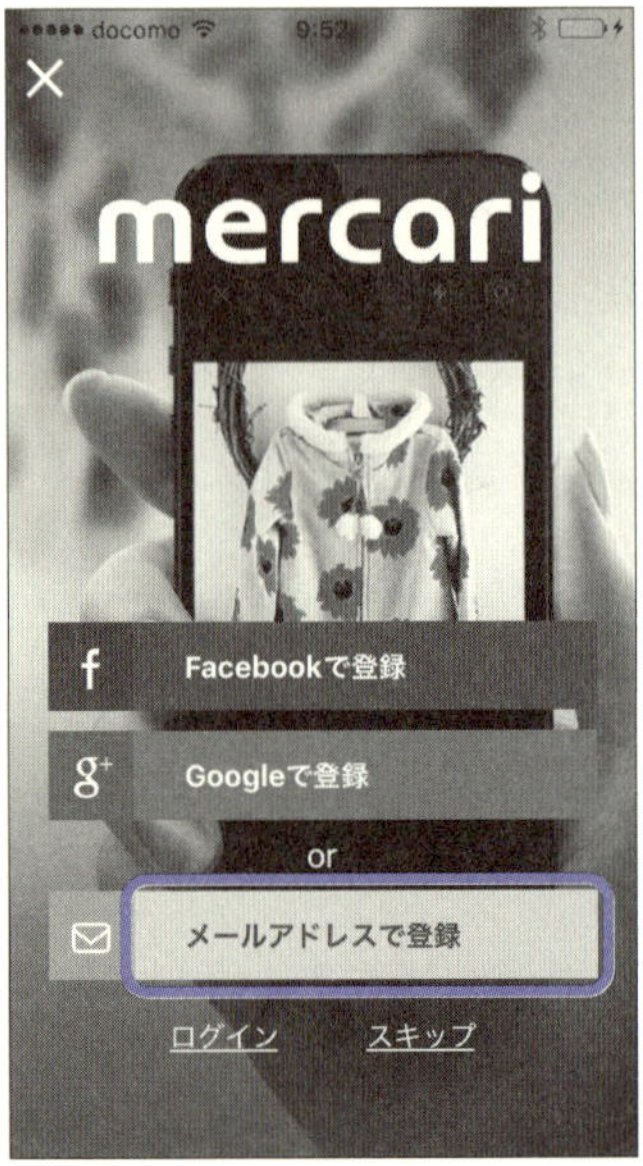
docomo 9:52
mercari
Facebookで登録
Googleで登録
or
メールアドレスで登録
ログイン
スキップ

Facebook や google のアカウントで登録することもできますが、ここではメールアドレスでの登録ということで、話を進めていきます。

●ニックネーム、メールアドレス、パスワード、招待コードを入力する画面

ニックネーム、メールアドレス、パスワード、招待コードを入力しますが、ニックネームの効果的な付け方などについては、後ほど解説します。この時点では、なんでも良いので入力しておけばOKです。あとから自由に変更できます。また招待コードも、記入しなくて大丈夫です（図1-3-3）。

そして、会員登録画面に進みます。

図1-3-3 ニックネーム、メールアドレス、パスワード、招待コードを入力する画面

● 携帯の番号を入力する画面

番号を送信するとすぐに、携帯電話のSNSに4桁の認証番号が書かれたメッセージが届きます。

● 電話番号認証を行う画面

SNSに届いた4桁の認証番号を入力したら、登録完了です！（図1-3-4）

これでアカウントができました。

図1-3-4 電話番号認証を行う画面

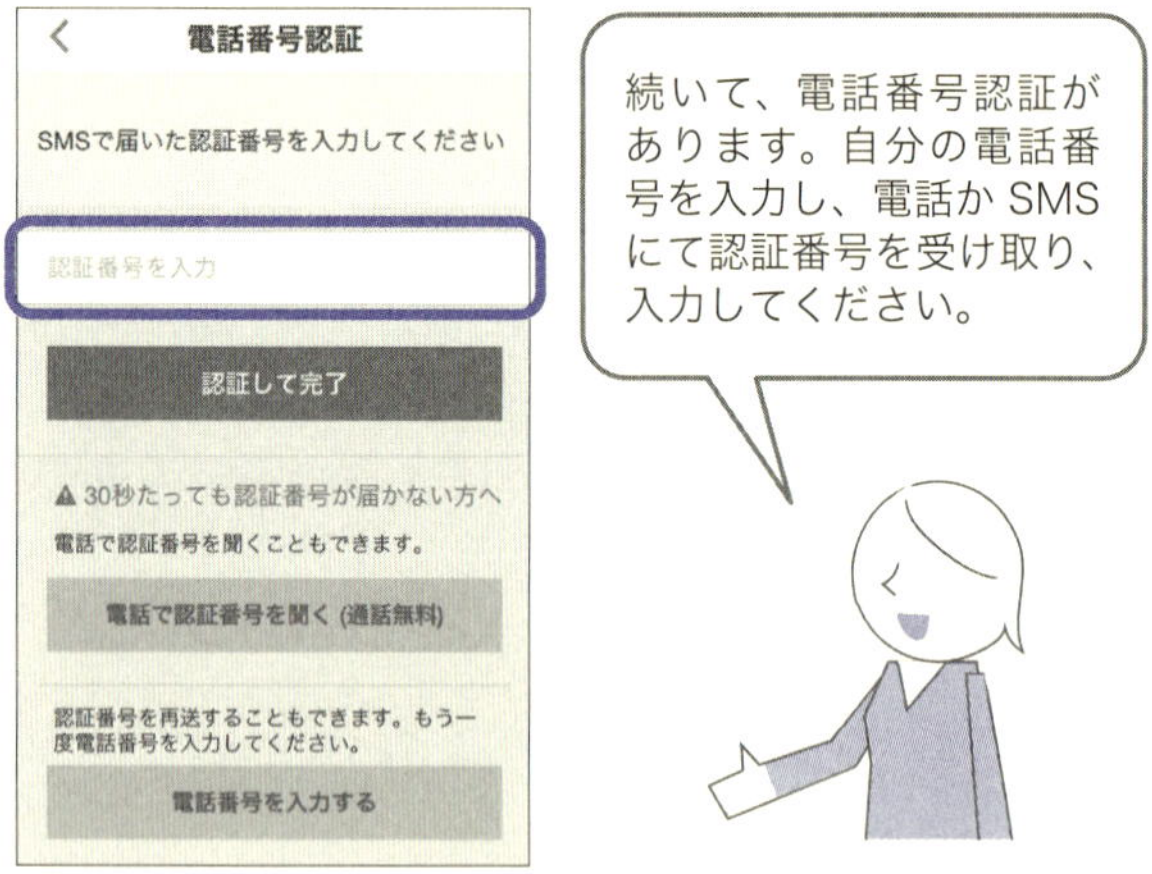
電話番号認証
SMSで届いた認証番号を入力してください
認証番号を入力
認証して完了
▲ 30秒たっても認証番号が届かない方へ
電話で認証番号を聞くこともできます。
電話で認証番号を聞く (通話無料)
認証番号を再送することもできます。もう一度電話番号を入力してください。
電話番号を入力する
続いて、電話番号認証があります。自分の電話番号を入力し、電話かSMSにて認証番号を受け取り、入力してください。

続いて、プロフィールの設定を行いましょう。

プロフィールを設定する

アカウントを作成しただけでは、プロフィールはニックネームのみ。画像や自己紹介文がまだ空白の状態です。商品を買ってもらうには、プロフィールで「この人からなら買いたい、信用できそう」という印象を持ってもらうと有利です。

そこで、ニックネーム、画像、自己紹介文について、押さえておきたいポイントをご紹介します。

ニックネームは大切なアピールポイント

ニックネームは、個人名ではなく「ショップ名」を付けるほうがよいでしょう。同じ商品を扱っていたとしても、個人よりお店から買う方が信頼できるものです。次のようなポイントを押さえましょう。

・「○○専門ショップ」など、どんなお店なのかわかるようにする
・冒頭に「セール中」や「期間限定特価」など、ひきつけるキーワードを入れる
・制限文字数20文字を最大限利用する
・他の人のニックネームから、真似できるポイントを取り入れる。例えば、「バイク専門★大特価セール★即購入OK」など

●ひと目でお店のイメージが伝わる画像を

お店のイメージが伝わるよう、プロフィール画像も工夫しましょう。まずは、自分がどのジャンルの商品を取り扱うかを決めます。そして、取り扱う商品にあったイメージ画像を探しましょう。

例えば、バイク関連のお店にするなら、カッコいいバイクの画像やライダースを

着てバイクにまたがっている画像など。画像を見ただけで「バイク関連のアイテムを売っているのかな」と連想することができます（図1-3-5）。

このように、「自分のお店にマッチする、商品のイメージを強調する画像」を設定してください。

ただし、インターネット上の画像を使う場合は注意が必要です。「著作権フリー」の画像を使

図1-3-5 著作権フリーの画像の見つけ方

著作権フリーの画像の見つけ方は、Googleなどの検索エンジンで「フリー　画像」「フリー　素材」などと検索。フリー素材専門のサイト内で、「バイク」など自分がほしい画像に関するキーワードを使って探します。

用する必要があります。作った人から許可をもらわずに使うことができる画像のことです。

著作権がある画像の場合は、使用するために連絡をとる、引用元を明示するなど、それぞれ独自のルールがあるので、避けるほうが賢明です。

●自己紹介文で信頼度をさらにアップ

メルカリ転売をする上で、自己紹介文に書くのはお店のことです。お客さんが「ここなら安心できそう」「ここで買い物をしたい」と思えるような情報を書きましょう。

初めてメルカリで物を売る人は、「初心者」、「始めたばかりでわからない」、「慣れていないので、ご迷惑をおかけするかもしれません」などと記載しがちです。しかし、プロフィールを見るお客さんの立場からすると、「スムーズに取引を進めてもらえるだろうか・・・」と不安になってしまいます。

では、どのようなことを書くとよいのでしょうか？

わざわざプロフィールまで見てきてくれるのは、購入意欲が高い人です。そのため、扱っている商品に関する情報や自分のショップでのルールを書くとよいでしょう。自分のショップならではのメリットを入れると、さらに効果的です。

例えば、「当ショップは、24時間以内に発送いたします」「届いた商品が不良品だった場合、交換させていただきます」などの記載があれば、安心して買うことができます。

他のユーザーのプロフィールも見て回り、良い自己紹介文や真似できそうな文章をどんどん取り入れて、さらに魅力的なページにしていってください（図1−3−6）。

図1-3-6 自己紹介ページの例

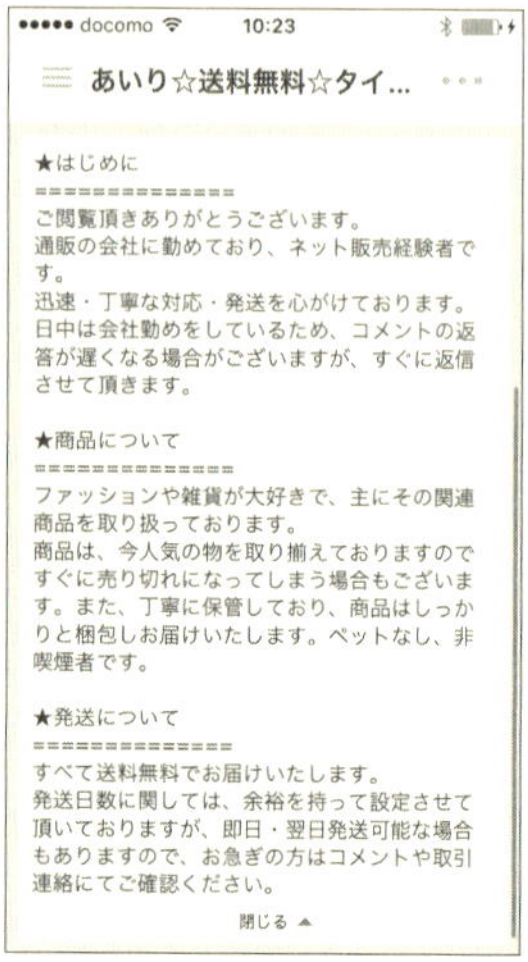

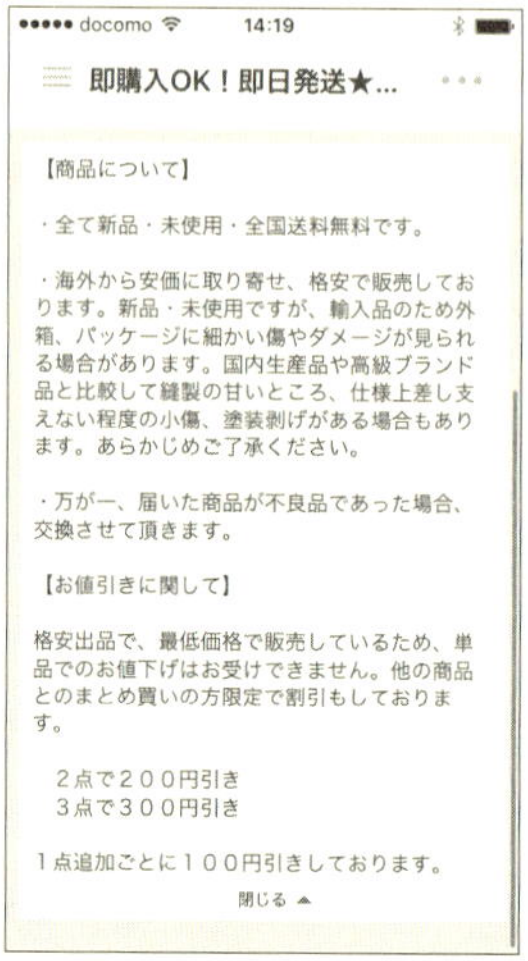

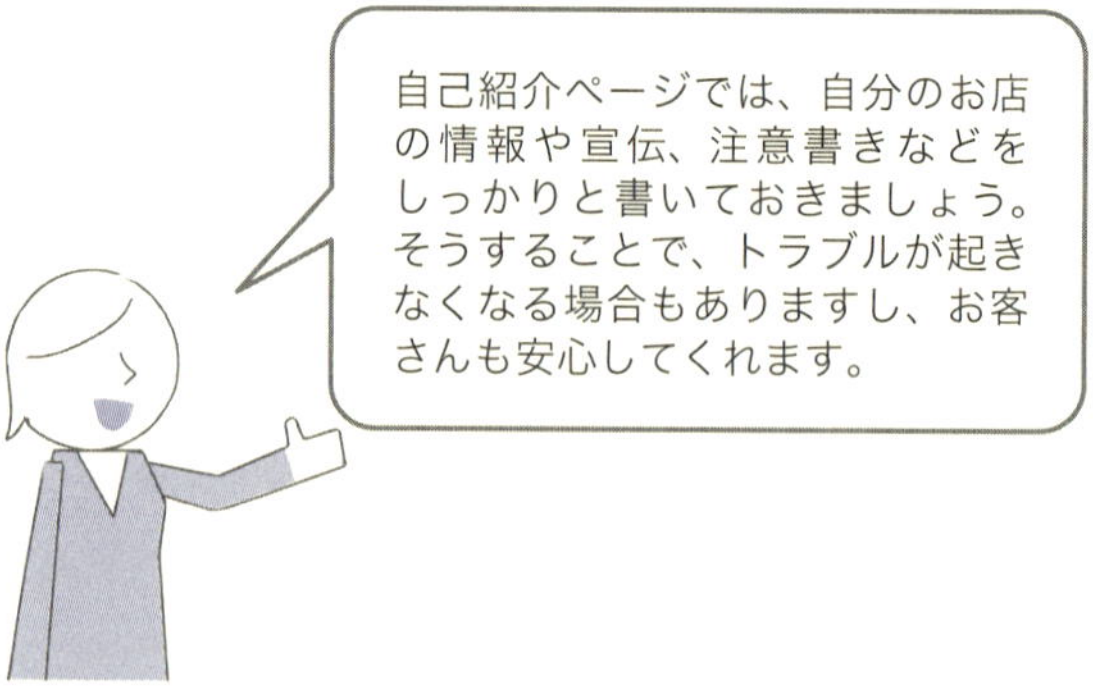

出品までの流れ

ここでは、出品～購入の取引完了までの流れを図で見てみましょう。

出品する
・コメントをチェックして返信する（図1-3-7）
↓
交渉内容に応じて、価格更新など商品ページを修正する（図1-3-8）
↓
商品が購入される
・購入者へお礼のあいさつをする
↓
梱包する
・商品にお礼の手紙（サンキューカード）を添える（図1-3-9）。

↓

発送する

・発送したら、発送通知する（図1-3-10）

↓

購入者から、受取通知をもらう

・受取通知をもらったら、購入者の評価を行う（図1-3-11）

↓

メルカリから取引完了のメールが送られてくる（取引完了。図1-3-12）

たったこれだけなので、初心者でも簡単に使いこなすことができます。

図1-3-7 コメントをチェックする

図1-3-8 交渉内容に応じて、商品ページを修正する

図1-3-9 商品に添えるサンキューカード

商品と一緒にお礼の手紙を添えると、好感度が上がります。次回の販売につなげるために、割引コードを発行するのも良いですね。

図1-3-10 発送通知ボタンを押すと表示される画面

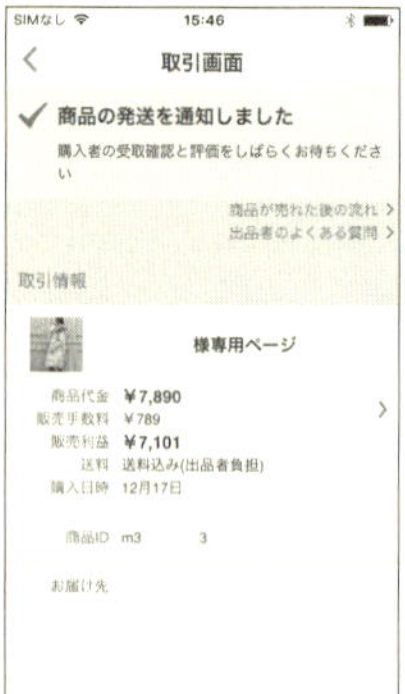

図1-3-11 購入者を評価する画面

図1-3-12 取引完了のメール

転売前に知っておきたい「コメント文化」

　メルカリユーザーの間で自然発生的に生まれたコメント文化についても知っておくとよいでしょう。メルカリが公式に決めているルールではないのですが、たくさんの人が使っています。

「専用出品」は、お取り置きのしるし

　メルカリでは、「○○様専用」と商品名が付けられているものをよく見かけます。「専用出品」の表示は、○○さんに売る商品、取り置きされている商品という意味です（図1－3－13）。

　メルカリでは「取り置きはできますか?」というコメントがつくのは一般的です。取り置きを進める場合は「○○様専用」というページを作り、新たに購入者に案内しましょう。また、「購入者とのやりとりでセット販売をすることになった」など、元

の購入内容と異なったときにも、専用出品のページを作ります。

●「即購入○」と「即購入×」の意味って?

転売を成功させるために効率的に売りたい人や、コメントのやりとりが苦手という人は、「即購入○」「即購入可」と書いておけば、コメントなしで購入してくれます。一方で、「即購入×」という説明を付けている出品者もちらほら見かけます。コメントを通し

図1-3-13 取り置き専用ページ

docomo
21:50
あべ様専用
専用
あべ様専用
いいね!
コメント
¥9,800 送料込み
商品の編集
専用ページを作る際には、画像を加工したり、タイトルに専用と入れてわかるようにしましょう。

てどんな方が購入するのかを確認したい、という方が活用しています。

値引き交渉された場合の注意点

値引き交渉は、一般的におこなわれます。転売ビジネスをする場合には、公平性に気をつけましょう。メルカリでは、取引が終わった後も、誰でも自由に取引の過程を見ることができます。値引き交渉に応じたコメントも履歴に残ってしまうのです。同じ商品を売っているにも関わらず、「違う人には、自分よりも多く値引きして売っている」ということがわかれば、リピート購入してもらう機会をなくしてしまうかもしれません。

なので、値引きに関しては先にルールを作っておいてください。例えば、単品での値下げはNG、2点で200円引き、といった感じで決めておくのがいいでしょう。

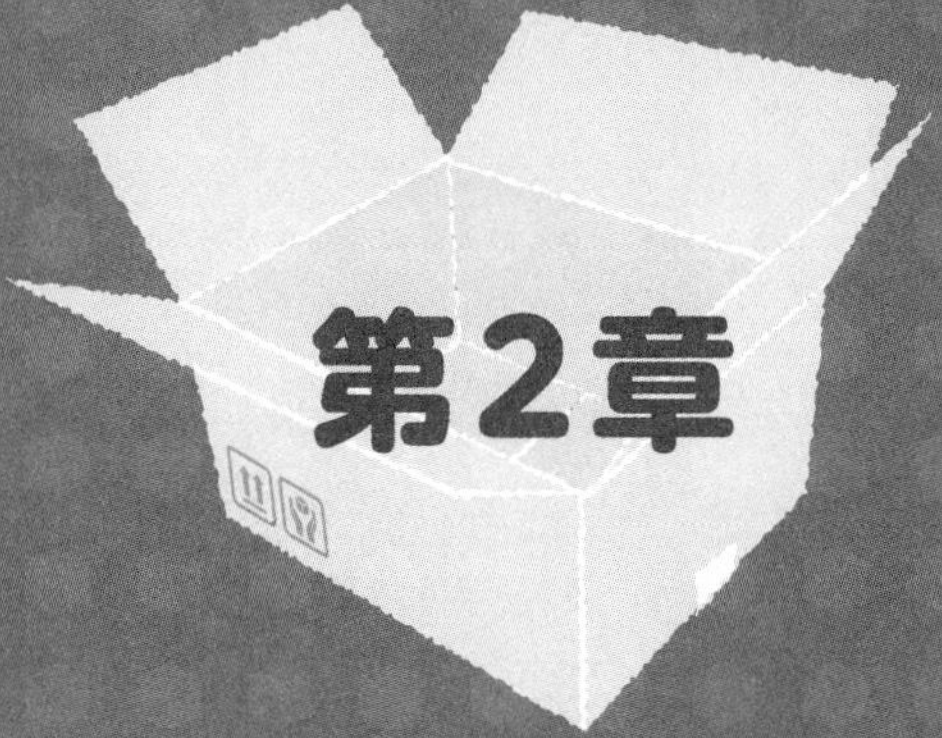

第2章

国内仕入れから
ステップアップ！
中国からの輸入で
さらに利益を上げよう

2-1

中国転売と国内転売はここが違う

メルカリで稼ぐなら「ノーブランド品」がいい

本書では、メルカリで稼ぐために中国からの仕入れをおすすめしますが、その理由として、メルカリでは「ノーブランド品」が売れやすく、それなら中国で一番安く継続して仕入れられるためです。

ノーブランド品とは、ブランドやメーカーの名前によって、付加価値が付いていない商品のこと。ブランド品というと、例えばハイブランドのルイヴィトンやグッチなどを思い浮かべる方も多いですが、ZARAやナイキなどもブランド品に含まれます。このように、知名度の高い共通のブランド名が付いているものをブランド品、それ以外をノーブランド品（ノーブランド系商品）と言います。

ノーブランド品は「仕入れの値段が安く、利益率が高い」「初心者でも扱いやすい」「メルカリで売れやすい」という3つの特徴を持ちます。

詳しく見ていきましょう。

①仕入れの値段が安く、利益率が高い

一般の人がブランド品を仕入れるとしたら、百貨店などから仕入れることはできますが、メーカー、卸、小売りを通した仕入れ値になるため高額です。もちろん、利益率は落ちてしまいます。

一方で、ノーブランド品ならどこでも手に入れることができます。

例えば、国内で仕入れて販売する場合、Amazonで仕入れたものをメルカリで販売すると、利益率はだいたい30%以上となります。でも、これからお伝えしていく中国からの仕入れであれば、メルカリで転売すれば利益率が50%以上になることもあるのです。

ノーブランド品は商品の仕入れ値が1個当たり数十円、数百円とかなり安いた

め、資金が3万円以下でも始めることができます。また、利益率も高いため、かなり手元の資金を増やしやすいのがおすすめのポイントです。

②初心者でも扱いやすい

ブランド品であれば、仕入れ値が高く、販売金額が数万円と高額になることがよくあります。そうなるとお客さんにとって商品の購入が慎重になり、出品者が信頼できるかどうか評価を確認したり、値段も他に安く販売されてないか、本物かどうかなどしっかりと吟味して購入します。

さらにブランド品の場合は、本物かどうかを調べる作業が必要です。その判別は素人にとって難しく、また仮に偽物を販売してしまった場合は犯罪となるので、知らなかったではすまされません。

そのようなリスクもあることから、扱うのはおすすめできないのです。

一方で、ノーブランド品は基本的に偽物というものがなく、仕入れ値も安いため低価格で十分に利益が取れます。お客さんの側も、価格が安いため出品者の評価を重視せずに、欲しいと感じたらすぐに購入してくれる傾向があります。これらのことから、ノーブランド品は初心者にも扱いやすい商品だと言えます。

③メルカリで売れやすい

メルカリの利用者は、10代後半～30代前半の年代が中心です。そのため、どちらかと言うとブランド品でなくても安くておしゃれなものであれば買いたいという人が多く、安い「ノーブランド品」がよく売れる傾向にあります。

以上3つの理由から、本書では、「メルカリ」で稼ぐならノーブランド品を扱うことをおすすめします。

ノーブランド品は中国から仕入れる

ネット転売は立派なビジネスなのですから、長期目線で考えることは欠かせません。また、効率性も重要なポイントとなります。

例えば、1点きりしか仕入れることができないものに関しては、1点仕入れて販売、そして、何度も仕入先を探さなければならず大変手間となるため避けるべきでしょう。一方でノーブランド品であれば、中国の工場でたくさん生産され続けているので、いつでも仕入れることができ、売れる人気商品を見つけることができれば継続して稼ぐことができます。

また、物販は上流（製造元に近いところ）から仕入れるほうが、仕入れの値段が安くなります。そのため、Amazonなどの日本の国内から仕入れるよりも、中国で仕入れたほうが安くなるのです。

在庫切れの心配もほぼない！

中国仕入れなら、在庫を気にせずに継続して仕入れることができます。販路の途中にあるAmazonなどからの仕入れでは、在庫切れになる可能性が高まります。仕入れできるかどうかが、販売者に左右されてしまうので、国内仕入れで稼げるようになったら、次のステップで中国輸入を取り組むというのが自然な流れです。

なお、「中国輸入」なんて聞くと、難しいと感じる方も多いと思いますが、本書では噛み砕いて説明していきますので安心してください。

ノーブランド品がAmazonよりもメルカリで売れる理由

２０１３年頃から、中国サイトからノーブランド品を仕入れてきてAmazonで販売するビジネスモデルが流行っていました。しかし、今ではライバルが多く、商品の値崩れが起きてしまっています（図2－1－1）。

またAmazonには、1商品1カタログ制というルールがあります。これは、ある商品「A」を売りたい場合、すでにAの商品ページがあれば、そのページで販売しなければならないというものです。

例えば、ノーブランド品であるパールリボンネックレスを売りたいとしましょう。このネックレスのカタログページ内で簡単に出品はできるのですが、同時に「差別

図2-1-1 Amazonの「ノーブランド」の検索結果

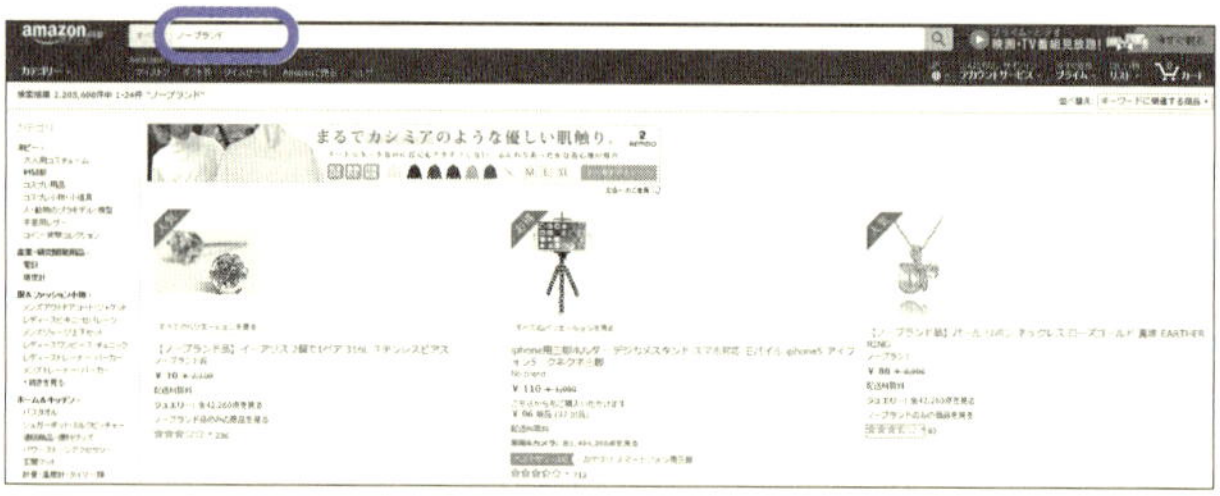

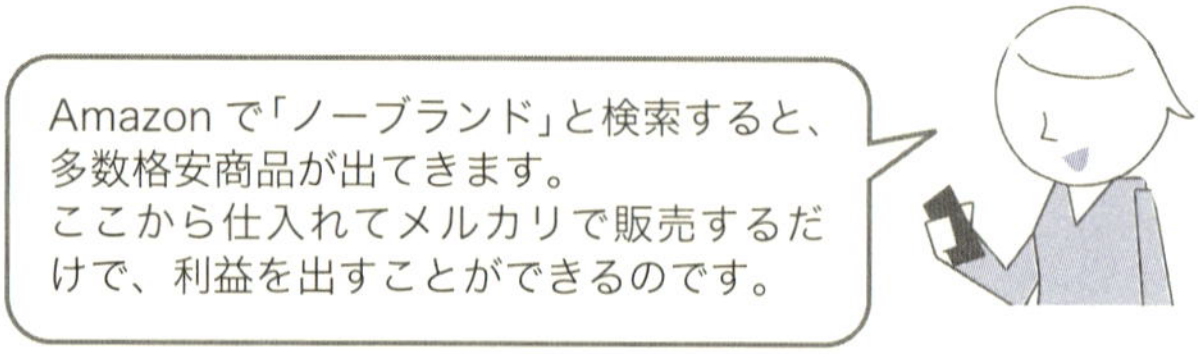
Amazonで「ノーブランド」と検索すると、
多数格安商品が出てきます。
ここから仕入れてメルカリで販売するだけで、利益を出すことができるのです。

化の要素が価格しかない」という状況になります。画像もタイトルも説明文も、他のライバルセラーと同じものを使うことになるのです（図2-1-2）。

　さらに言うと、「1つの商品は、同じ1つのページからしか販売することができない」ということは、他店の値段も一目瞭然。つまり、同じ商品を扱う人が増えれば増えるほど、値段を下げて価格競争するしかないという状況に陥ってしまいます。

図2-1-2 Amazonのカタログページ

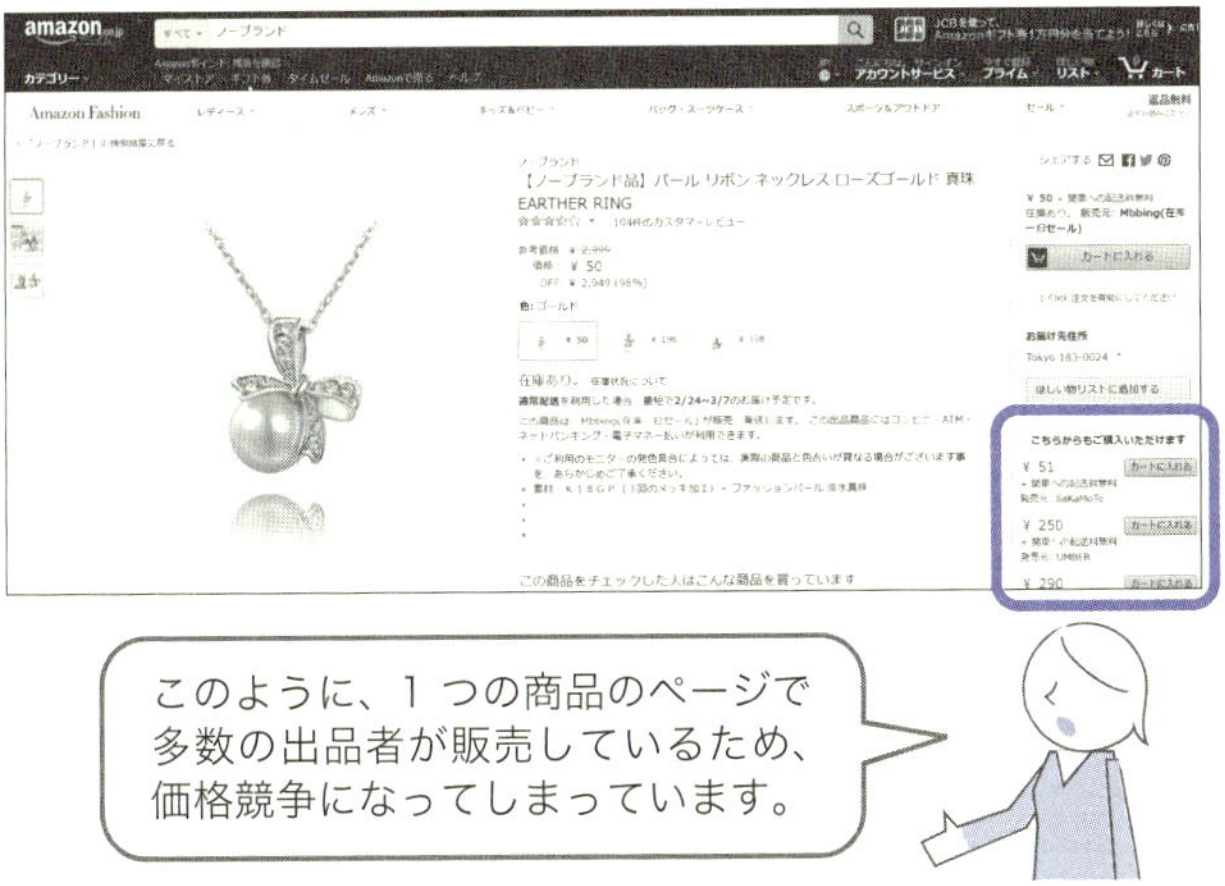
このように、1つの商品のページで
多数の出品者が販売しているため、
価格競争になってしまっています。

ところで、Amazonで売るためには安い値段をつけるしかない商品であっても、実際は、商品の市場価格はAmazonの価格にまで落ちていないという例がよくあります。例えば、3000円で売れるはずだった商品が、今のAmazonでは500円でしか売れなくなっているといった、値崩れ商品が山ほど見かけられます。でも、それをメルカリで売ると、3000円のままで売れたり、それ以上の高い価格で売れることもあるのです。

その理由は、メルカリでは価格競争が起きにくいからです。

メルカリは基本的に、スマホから操作する人が多いので、価額の比較作業が非常に面倒です。パソコンなら大きい画面で価格・comなどで比較しながら判断できますが、スマホは画面が小さく、検索もしにくい。また、メルカリでほしいなと思った商品を「Amazonで同じ商品があるかも・・・」と探す人も少ない傾向にあります。ましてや、ノーブランド品は共通の型番がついているわけではないので、検索するのは難しいでしょう。

以上の理由により、Amazonで販売しても利益が取れない商品でも、メルカリでは高く売れて稼げるというケースが多くなっています。

国内転売についてのおさらい

ここであらためて、商品を国内から仕入れる国内転売について、少しおさらいしておきましょう。

国内仕入れの転売は、「せどり」と呼ばれています（厳密に言えば、「せどり」と「転売」の意味は異なるのですが、本書では同じ意味の用語とさせていただきます）。

せどりには、大きく分けて次の2種類があります。

①店舗せどり

店舗せどりとは、実際にお店へ足を運び、相場サイト等で値段の相場を調べた上で、商品を1つずつ買ってくるというものです。商品が安ければ仕入れて、Amazonやヤフオクなどネット上で販売します。

②電脳せどり

電脳せどりとは、ネットショップ（ヤフオクなど）で仕入れ、主にAmazonで販売することです。

店舗のせどりは、実際にお店に行き、歩き回りながら価格のチェックするなど、商品の仕入れにかなりの労力がかかります。外出時にスマホを使って、細やかな売れ筋までチェックするのは、なかなか大変な作業です。さらに、買った商品は全て持って帰ることになるので、一度にたくさん仕入れるのも難しいでしょう。

対して電脳せどりは、ネット上で商品を仕入れ販売するため、自宅で落ち着いて取り組むことができます。また、ネット環境につながっていればできるため、自宅でも通勤電車の中でも、場所を問わず隙間時間でどこでもできます。

以上のことから、副業で転売ビジネスをやりたい方、自宅から出るのが難しい主婦の方などには、電脳せどりがおすすめです（図2－1－3）。

国内仕入れにおすすめのサイト

最終的には、中国から「ノーブランド品」を仕入れ販売して欲しいのですが、ハードルがかなり低

図2-1-3 店舗せどりと電脳せどりの比較

	店舗せどり	電脳せどり
仕入先	自分が直接行ける実店舗	ネット上のショップ全て
仕入れが可能な時間	店舗の営業時間内	24時間いつでもOK
経費の目安	電車代や車のガソリン代などの交通費	送料
向いているタイプ	時間があり、近所に店舗があり、車も持っている人	在宅で副業したい人

＊在宅で隙間時間に取り組むなら、断然「電脳せどり」がおすすめ！

い国内で仕入れる方法も簡単にご紹介しておきます。

国内での仕入れ先に使えるサイトは多くあるのですが、最初から多くの仕入れ先を用意してしまうと管理が難しくなるでしょう（図2-1-4、図2-1-5）。

なので、初心者の方にはAmazonとネッシーの2つのサイトがお勧めです。

①Amazon

商品の品揃えが豊富なので、転売ビジネスでは誰もが重宝しているショッピングサイトだと言えるでしょう。中国から安く仕入れてくる業者が多いため、格安の商品が見つかりやすいです。

②ネッシー

国内最大の卸サイトです。業者向けですが、個人でも簡単に仕入ができます。卸サイトであるため、商品を安めに購入することができます。

片方で売り切れていても、もう一方で販売されていることもあるので、この2つのサイトを使い分けましょう。

なお、Amazon、ネッシーの具体的な仕入れ方法は、前作『月に30万円稼ぐためのメルカリ転売入門』で詳しく書いているので、ぜひご覧ください。

図2-1-4 仕入れ先「Amazon」

日本最大手のショッピングモールです。多くの商品が安く販売されているため、まずはAmazonから探していくようにしましょう。

図2-1-5 仕入れ先「ネッシー」

卸サイトと言っても、Amazon等と同じ流れで商品を購入できます。卸価格で販売されているため、比較的安く仕入れが可能です。Amazon と比較しつつ、良いほうから仕入れていきましょう。

2-2 仕入れ先は絶対に中国がいい！

なぜ、中国なのか

仕入先は中国をおすすめする理由、それは「中国では単価が安いノーブランド品が大量に作られているから」です。またその他にも、次のようなメリットが数多くあります。

・ノーブランドの品揃えが豊富
・仕入れコストが低く、利益率が50%以上と高い
・仕入れ専門の代行会社があるため、トラブルの心配が少ない
・中国のサイトでは画像を多く使っているので、見やすい

・距離が近いため、配送されるのも早い

※配送方法によって異なるが、通常2週間～1ヶ月かかります。

転売ビジネスの基本は、「安く仕入れて、高く売る」ことです。中国仕入れなら、国内よりもさらに安く仕入れることができ、高い利益を上げることができます。また、その他の特徴からも、中国輸入は初心者でも始めやすいことがおわかりいただけたかと思います（ちなみに、代行会社については後ほど説明します）。

中国から仕入れることのメリットとデメリット

ここであらためて、中国輸入のメリットとデメリットを確認しておきましょう。

メリット

①資金が少なくても始められる

仕入れ単価は、1個当たり数十円～数百円程度です。例えば、安いものだと、iPhoneのケースなどは数十円で売られています。また、ワンピースなどの洋服類は数百円で手に入れることができます。転売用の資金をわざわざ用意しなくても、3万円もあれば中国からの仕入れを始めることができます。

②安定して商品を仕入れやすい

中国輸入だと、1つ売れるものを見つけたら継続して仕入れが可能です。同じ販売者から仕入れてもいいですし、仮に売り切れになったとしても、中国ではいろんな会社が同じ商品を販売してます。

③自分でオリジナル商品を作成できる

中国輸入の転売に慣れてきたら、オリジナルブランドを作るのもおすすめです。自分自身がメーカーになり、中国の工場で商品を作ってもらうのです。これを

「OEM」と呼びます。オリジナルブランドを作ってしまえば、差別化することができます。商標登録をすれば、真似されることもありません。

次は、中国輸入のデメリットです。

デメリットと言っても、きちんと対策しておけば心配する必要は全くありませんからね。

デメリット

①質が悪い商品もある

中国から商品を仕入れる場合、最も気をつけないといけないのが「商品の質」です。安さだけを重視して仕入れると、見た目がとても安っぽい商品が届いたり、衣類であれば1度着ただけで破れてしまうような商品が届いてしまうこともあります。さらにひどい場合は、もともと破れや汚れがある商品もあります。

対策としては、まずは商品の値段を見て判断すること。商品にはある程度相場があり、あまりにも安すぎる商品は、そのぶん質が悪い商品の可能性も高くなります。具体的な方法としては、「同じ商品を出品している他の人も見て、値段を比較する」「商品や出品者の評価を見る」など。その上で、あまりに安すぎる商品には手を出さないようにしましょう。

②言語が違うというハードルがある

英語ならともかく、中国語なんて全然わからないという方も多いですよね。支払いが済んだのに商品が届かないなどのトラブルがもし起こったら、1人で交渉するのは難しそうです。

でも実際は、中国のサイトから仕入れる場合、中国語でやり取りすることはほぼありません。なぜなら、出品者の中国人とのあらゆるやり取りを「代行会社」が行ってくれるからです。日本語で取引を進めることができます。

ただし、リサーチ時には中国語に触れる場面もあります。しかし、検索したいキーワードを翻訳するくらいなので、Google翻訳などを使えば簡単にできるでしょう。

③薄利多売なビジネスモデルである

中国から仕入れてきたノーブランド品を売る場合、1つ当たりの利益は大体500円〜1500円くらいです。それに対して、国内転売、いわゆるせどりと呼ばれている方法では、1つ当たり数千円単位で利益が出るケースもあります。

つまり中国輸入で稼ごうと思ったら、利益が小さい商品をたくさん販売する必要があるのです。当然、その分の梱包や発送などの手間もかかります。

デメリットに関しましては以上となりますが、①と②に関しては「代行会社」を使うことで軽減することができます。

では、「代行会社」とはどのようなものなのでしょうか？

中国仕入れの不安は、代行会社を使って解消できる

代行会社とは、皆さんがアリババやタオバオといった中国の通販サイトで見つけてきた仕入れたい商品をあなたの代わりに買付、検品し、日本まで発送してくれる会社のことです。基本的に日本語ができる人が対応しているため、仕入れのオーダーから商品の到着の最初から最後まで、日本語で取引を行うことができます。

インターネットで検索すれば、代行会社はたくさん出てくるので、探すこと自体は難しくありません。そして、数ある代行会社の中でも、筆者がおすすめしたいのは「ライトダンス」です。

代行会社とのやり取りの流れ

代行会社とのやり取りの大まかな流れは、次のようになります（図2-2-1）。

まずリサーチを行い、商品を見つけたら、代行会社にオーダー表を送ります。その後、チャットなどで代行会社の担当者に連絡を取り、日本語で指示すれば、あなたの代わりに商品を買い付けて、日本まで送ってくれます。

代金の支払は、国内で商品を買う時とさほど変わりません。代行会社は日本の銀行口座を持っているため、日本の銀行口座で振り込みができ、日本円だけで決済をすることができます。また、Paypal（クレジットカード）で対応してくれるところもあります。

図2-2-1 代行会社とのやりとりの流れ

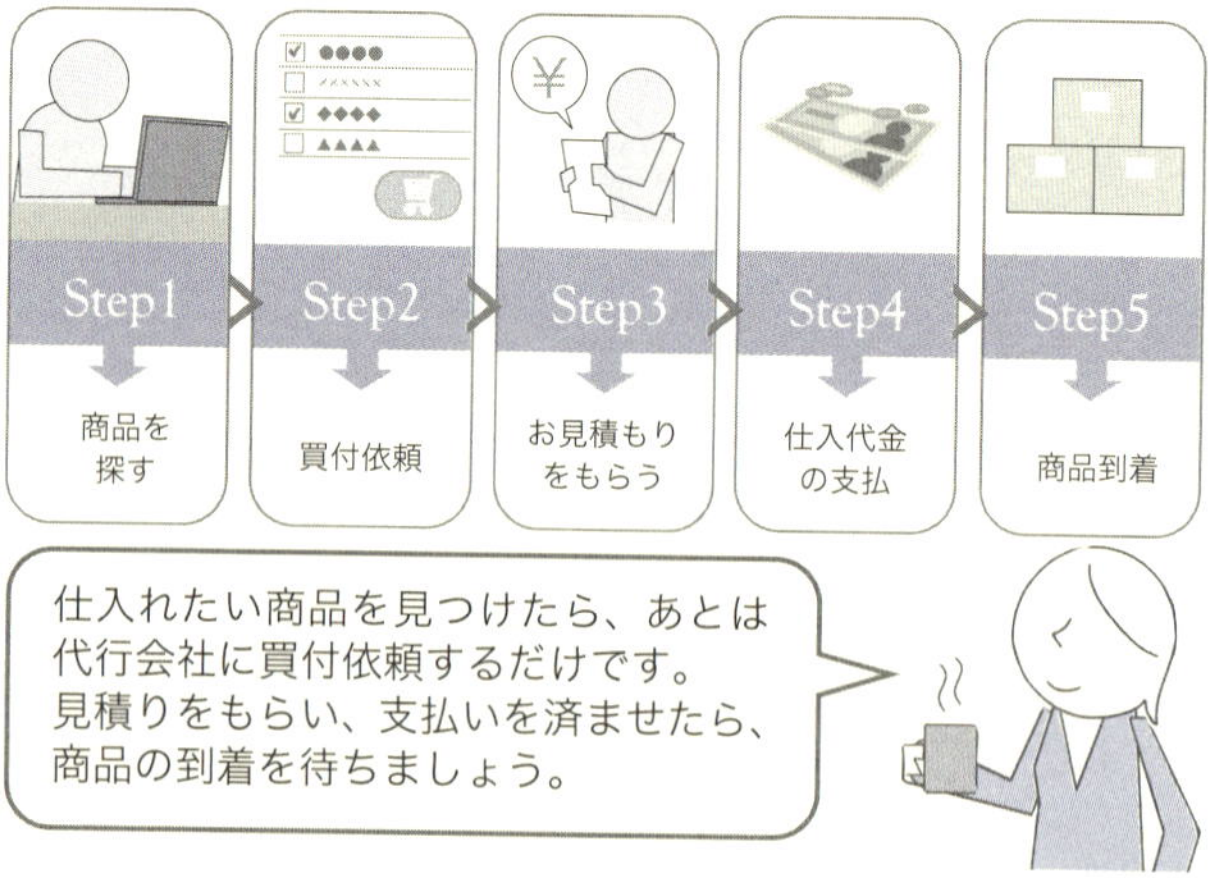
Step1
商品を探す
Step2
買付依頼
Step3
お見積もりをもらう
Step4
仕入代金の支払
Step5
商品到着
仕入れたい商品を見つけたら、あとは代行会社に買付依頼するだけです。
見積りをもらい、支払いを済ませたら、
商品の到着を待ちましょう。

代行業者は買付けのプロであるため、商品が間違って届くなどのトラブルが少なく、日本への発送前に簡易検品があるので、その時にサイズ、カラー、個数違いや不良品だとわかれば商品の交換作業等もしてくれます。

コスト面でも、大きな負担にはなりません。多くの代行会社では、手数料は商品仕入価格の5～10％ほど。中国商品の値段は安いため、代行手数料で費用がかさんで赤字になる可能性はまずないでしょう。

ちなみに、代行会社は日本への送料も配送会社との特割契約をしているため、普通の国際発送よりも送料がかなり安くなっています。さらに、自分の代わりに中国のお店への質問や、中国語での価格交渉まで代行してくれます。

2-3

「中国から商品を仕入れて転売する」手順と下準備

まずは手順について

中国から商品を仕入れて転売する際の、具体的な流れを見ていきましょう。

図2-3-1と2-3-2を見てください。国内仕入のケースと比べてみました。大きく違うのは、1つ目のリサーチと、2つ目の仕入れの部分だけであることがわかりますよね。

中国輸入の場合、リサーチはもちろん中国の仕入れサイトで行います。仕入れは自分で行うのではなく、代行会社に買付けを依頼します。買付けの依頼方法は、仕入れたい商品のURLを送って注文するだけ。すると、代行会社が日本まで商品を発送してくれます。

それ以降の販売・梱包・発送は、国内仕入れで行う作業と変わりません。手順の大まかな流れさえわかってしまえば、中国からの仕入れも国内仕入れとさほど変わらないと感じませんか？

図2-3-1 転売ビジネスの手順（国内仕入れ）

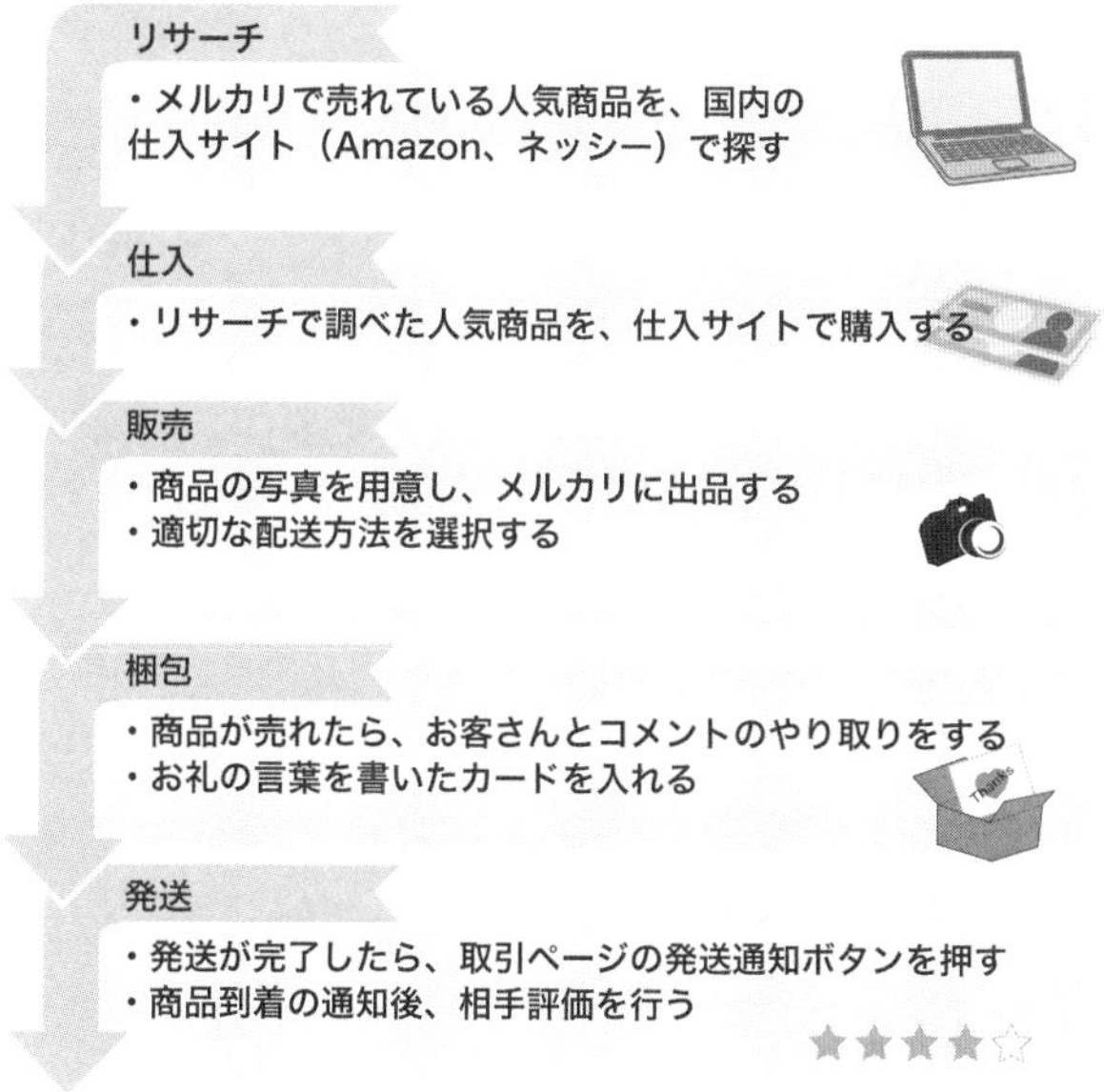
リサーチ
・メルカリで売れている人気商品を、国内の仕入サイト（Amazon、ネッシー）で探す
仕入
・リサーチで調べた人気商品を、仕入サイトで購入する
販売
・商品の写真を用意し、メルカリに出品する
・適切な配送方法を選択する
梱包
・商品が売れたら、お客さんとコメントのやり取りをする
・お礼の言葉を書いたカードを入れる
発送
・発送が完了したら、取引ページの発送通知ボタンを押す
・商品到着の通知後、相手評価を行う

図2-3-2 転売ビジネスの手順（中国仕入れ）

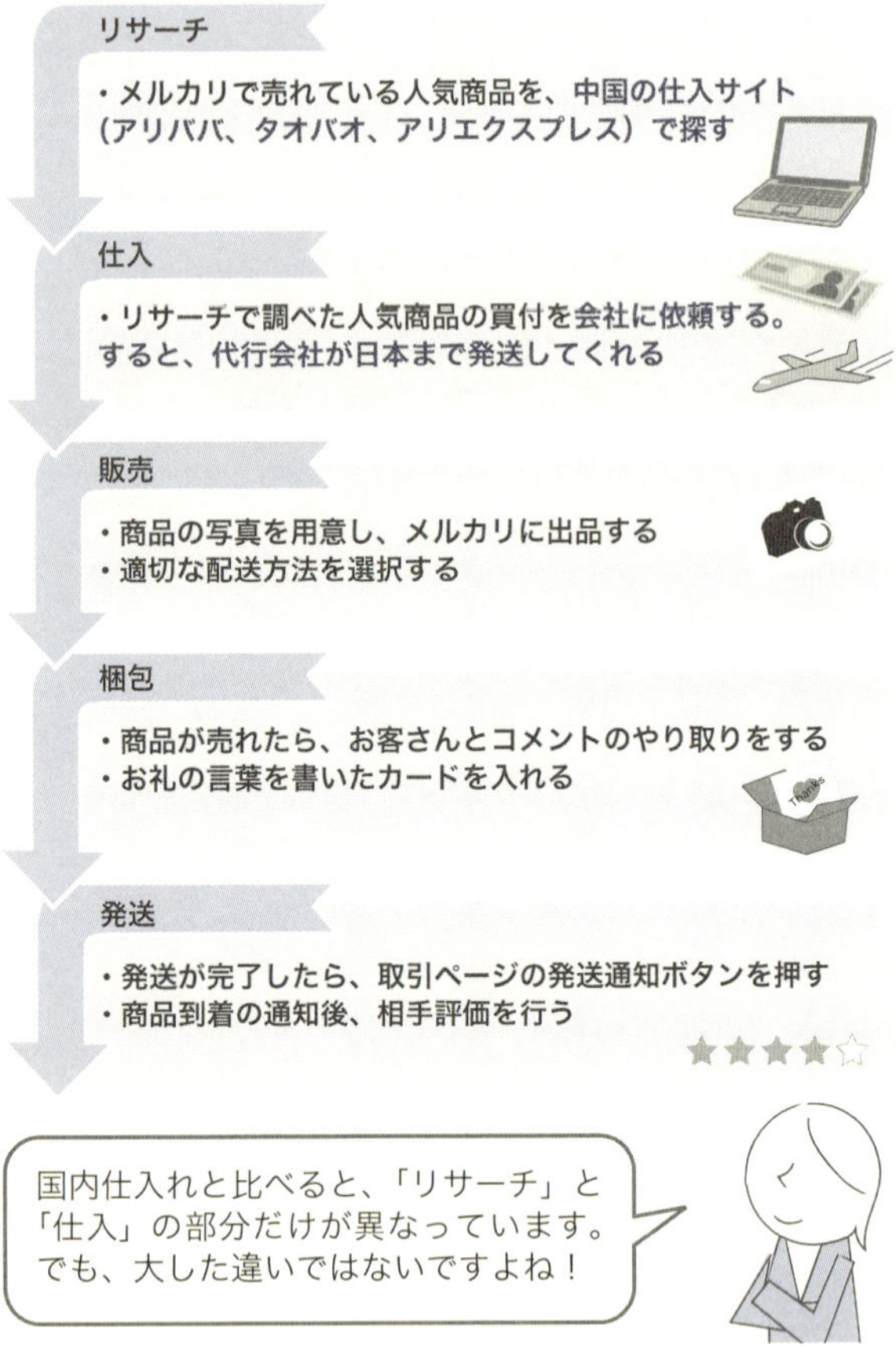
リサーチ
・メルカリで売れている人気商品を、中国の仕入サイト（アリババ、タオバオ、アリエクスプレス）で探す
仕入
・リサーチで調べた人気商品の買付を会社に依頼する。すると、代行会社が日本まで発送してくれる
販売
・商品の写真を用意し、メルカリに出品する
・適切な配送方法を選択する
梱包
・商品が売れたら、お客さんとコメントのやり取りをする
・お礼の言葉を書いたカードを入れる
Thanks
発送
・発送が完了したら、取引ページの発送通知ボタンを押す
・商品到着の通知後、相手評価を行う
国内仕入れと比べると、「リサーチ」と「仕入」の部分だけが異なっています。でも、大した違いではないですよね！

中国輸入を始めるための基本的な準備

中国輸入を始めるのに必要な、ごくごく基本的な準備について説明します。

①ブラウザはGoogle Chrome（グーグルクローム）を使う

ブラウザは、Google Chromeをおすすめします。
その理由は、次のとおりです。

- ページを読み込む動作など、レスポンスが速い
- 外国語を自動で日本語に訳してくれる
- 輸入ビジネスに適した拡張機能（プラグイン）が多い

なお、転売ビジネス用にGmailアドレスも取得しておくと便利です。

②よく使うサイトをブックマーク登録する

仕入れの時に使うことになるサイトは、ブックマーク登録して手間を省きましょう。仕入れサイトや代行会社のサイトは必須です。

中国仕入れサイト

タオバオ
https://taobao.com/

アリババ
https://www.1688.com/

AliExpress（アリエクスプレス）
https://aliexpress.com/

代行会社サイト

ライトダンス
http://www.sale-always.com/

翻訳サイト

Google翻訳
https://translate.google.co.jp/?hl=ja

③LINE翻訳を活用する

パソコンで中国語と日本語の翻訳をしたい場合は、Google翻訳を使えばよいのですが、スマホで翻訳したい場合はLINE翻訳が便利です。トーク画面に翻訳したい文章を入力するだけで、日本語⇕中国語に変換してくれます。

●LINE中国語通訳の使い方

(1)LINEを開き、「公式アカウント」をタップします(図2-3-3)。

図2-3-3 「公式アカウント」をタップする

（2）検索で「翻訳」と入力し、「LINE中国語通訳」を見つけ、追加マークをタップします（図2-3-4）。

図2-3-4 「LINE中国語通訳」を検索する

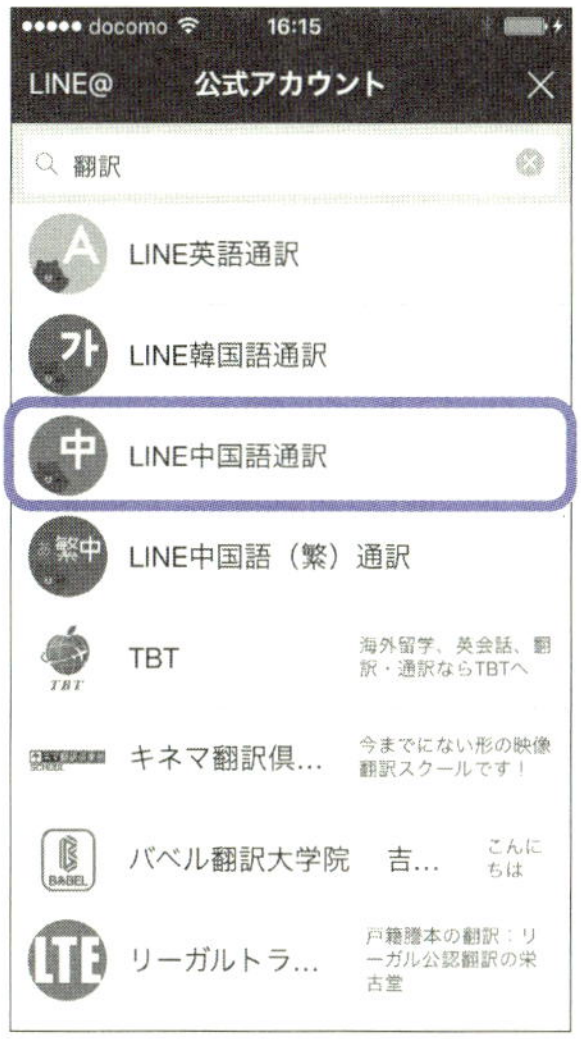
docomo 16:15
LINE@ 公式アカウント
翻訳
LINE英語通訳
LINE韓国語通訳
LINE中国語通訳
LINE中国語（繁）通訳
TBT
海外留学、英会話、翻訳・通訳ならTBTへ
キネマ翻訳倶...
今までにない形の映像翻訳スクールです！
バベル翻訳大学院 吉...
こんにちは
リーガルトラ...
戸籍謄本の翻訳：リーガル公認翻訳の栄古堂

翻訳と入れると、多数の通訳アカウントが出てきます。

（3）「LINE中国語通訳」をタップすると、トーク画面が表示されます（図2-3-5）。

図2-3-5「LINE中国語通訳」のトーク画面を表示する

docomo
16:15
中
LINE中国語通訳
4,617,872
トーク
おすすめ
ホーム

中国語通訳を選んだら、早速、調べたいキーワードを入れてみましょう。

（4）トーク画面に翻訳したい文章を入力すると、日本語⇔中国語変換ができます（図2-3-6）。

（5）リサーチのためのプラグインを追加します。リサーチに役立つプラグインは何種類かあるのですが、まずは画像検索で使えるGoogle Chromeのプラグイン「LeiTu Image Search」をインストールしておきましょう。Googleがはじめから提供している画像検索を使って調べるよりも、手早く画像検索ができます（図2-3-7）。

図2-3-6 トーク画面で、翻訳したい文章を入力する

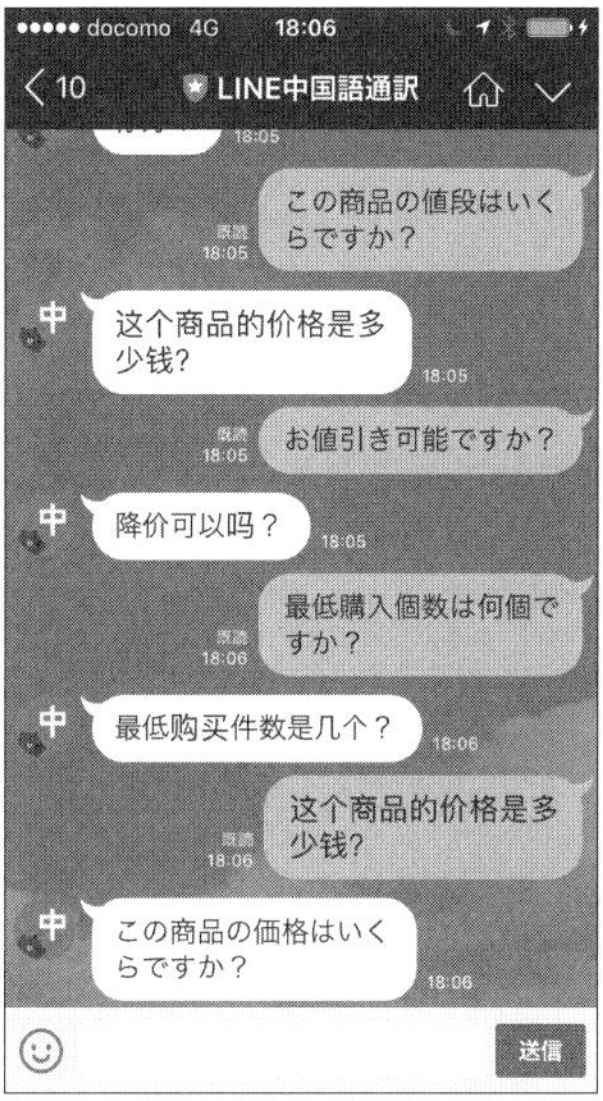
docomo 4G
18:06
10
LINE中国語通訳
この商品の値段はいくらですか？
18:05
中
这个商品的价格是多少钱?
18:05
お値引き可能ですか？
18:05
中
降价可以吗？
18:05
最低購入個数は何個ですか？
18:06
中
最低购买件数是几个？
18:06
这个商品的价格是多少钱?
18:06
中
この商品の価格はいくらですか？
18:06
送信

いつもやり取りしているラインと同じ感じで翻訳可能です。

図2-3-7 プラグイン「LeiTu Image Search」を追加する

① Chrome のウェブストアで、「LeiTu Image Search」のページを開く

『LeiTu Image Search - Chrome ウェブストア』
https://chrome.google.com/webstore/detail/leitu-image-search/akckflgbfaeopcknodkjjjokacionlkk

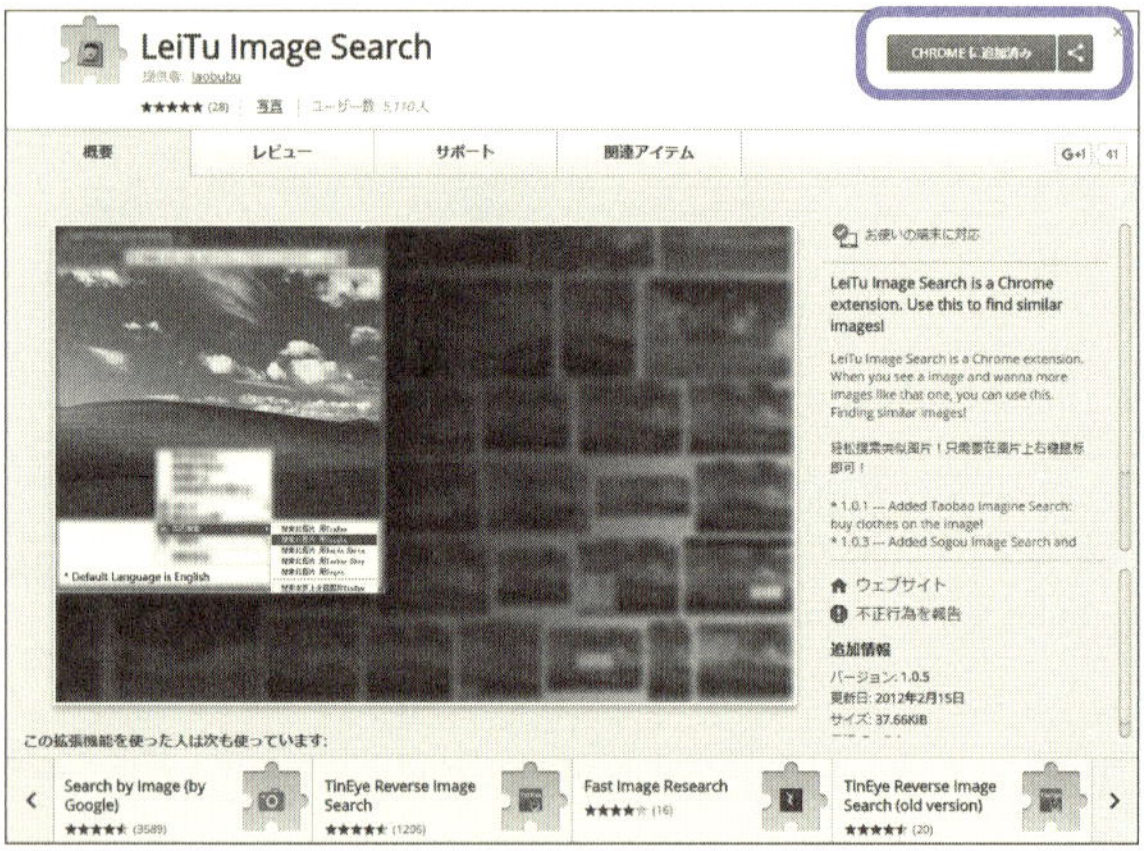

② 右上の「CHROME に追加」ボタンをクリックする

以上、これで基本的な準備は万端です。

次の章では、転売ビジネスが成功するかどうかの8割を決める「リサーチ」の方法について、詳しく説明していきますね。

月30万以上を確実に稼ぐ!

メルカリで中国輸入→転売

実践講座

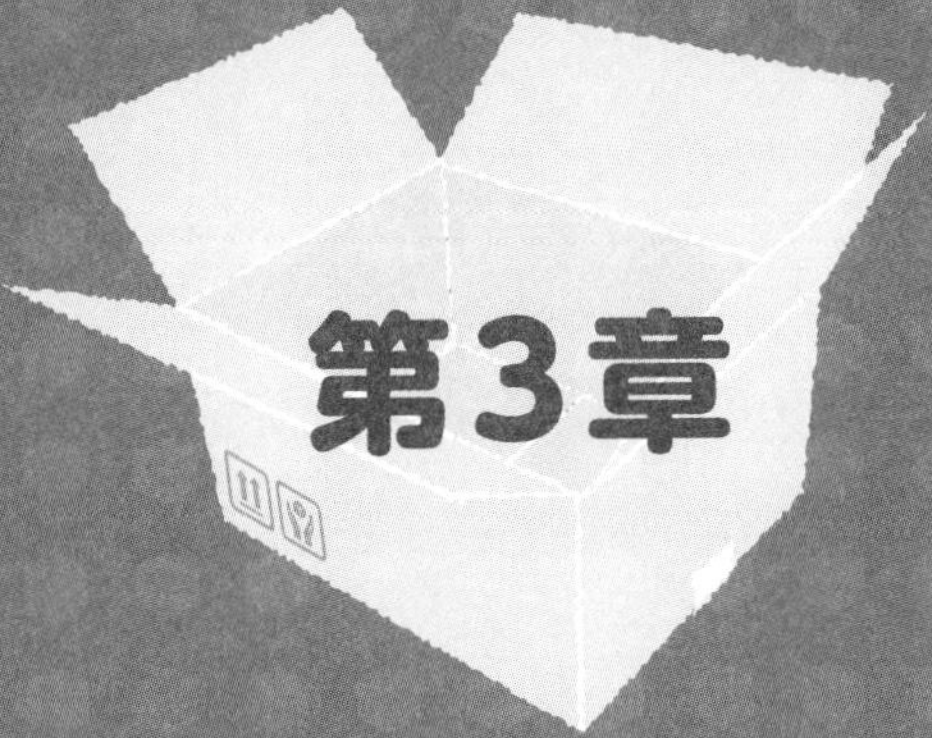

第3章

「確実に売れる商品」を仕入れて稼ぐ方法とは

3-1

稼げるかどうかは、8割がリサーチで決まる

まずはメルカリで売れる商品のリサーチから

商品が売れるかどうかは、8割が「リサーチ」作業で決まります。では、売れる商品を見つけるためには、何を基準にリサーチしていけばいいのでしょうか？

まずチェックしなければならないのは、メルカリで今、どんな商品がいくらで売れているのか、という点です。売れ線の商品が、必ずしも仕入れサイトにあるとは限りませんが、どのようなものがどのような価格で売れるのかという目安を知ることができます。

仮に、リサーチすることなく自分の感覚や好みで仕入れサイトから商品を選んでしまうと、その商品が売れる可能性は未知数です。そのような商品を大量に仕入れ

るのは、リスクが高い選択ですよね。

だからまずは、なるべく売れる商品を探し、確実に利益が出る商品を仕入れる必要があるのです。

メルカリ転売にセンスはいらない

多くの人が「メルカリ転売で儲けるためには、新しく売れそうな商品を見抜くセンスや感覚が必要だ」と思っているようですが、実際にメルカリ転売で成功している人たちは天性のセンスを持つ人ではなく、市場のニーズを徹底的にリサーチしている人です。

筆者がおすすめするのは、今すでに稼げている人を徹底的に真似すること。「ただ真似をするだけで、本当に稼げるようになるの？」と疑問に思った人もいるかもしれませんが、事実そうなのです。

転売は、とてもシンプルなビジネスモデルです。安く仕入れて、高く売ること。これをノウハウ通りに実践すれば良いだけ。しかし、教わったことを素直にその通り実践できる人が、実は少ないのです。

繰り返しますが、転売にセンスは必要ありません。単純に、安く仕入れる場所と高く売れる場所、あとは扱う商品さえ決まれば、それを実際に仕入れて販売するだけで稼ぐことができます。

稼げるかどうかの分かれ目は、「稼いでいる人を真似する。そして、実際に行動する」こと。このシンプルな法則に尽きると、断言させていただきます。

真似るだけ！メルカリで稼ぐのはこんなに簡単

では、確実に稼ぐためのリサーチのポイントについて説明しましょう。

まずは、メルカリで多くの商品を売った実績のある出品者を見つけてください。

そして、その人が扱っている商品の中から気になるものをいくつかピックアップします。

次に、商品の仕入れ先をリサーチしましょう。仕入れサイトで価格をチェックし、利益が出そうであれば仕入れます。

理想は、出品する時にその出品者と同じ画像、タイトル、説明文、すみずみまで全て真似をして出品することです。それが一番簡単に稼ぐことができます。ただ、そのまま全てコピーしてしまうのはマナー違反。タイトルや説明文の言い回しを少し変えなければなりません。

要は、売れているものをそのまま出品するだけでいいのです。

すでに稼いでいる人を徹底的に真似すれば、同じ金額とまでは言えなくても、そこそこ稼ぐことができます。「真似」と聞くと、ネガティブなイメージを抱く人もいるかもしれませんが、「学ぶ」の語源は「まねぶ（真似ぶ）」が由来。つまり、成功例を知り、その通りに真似して実践することが成功への最短ルートなのです。

オリジナルの商品を作ったり、新商品を扱ったりするのは、ある程度稼げるようになってきてから徐々に始めてくださいね。

リサーチにしっかりと時間をかけること!

リサーチは、転売ビジネス初心者にとってはつまずきやすいポイントでもあります。そもそも正しいリサーチの方法を知らないという理由もありますが、時間をかけることが面倒に感じてしまう人が多いのです。

しかし、リサーチ次第で成功するかどうかの8割が決まるわけですし、慣れてしまえば面倒だと思うこともなくなります。むしろ、売れる商品を見つけるのがどんどん楽しくなるでしょう。10回もやれば慣れてくると考えて、前向きに取り組んでみてください。

ちなみに、筆者のもとには、リサーチせずに仕入れてしまったため、商品が売れず赤字になってしまったという相談がよくあります。そうならないためにも、しっかりと時間をかけてリサーチしなければなりません。

メルカリは特にリサーチしやすい

リサーチでは、すでに売れている商品を1つずつ調べていきます。この作業は、単純で地味なことの繰り返しなので、飽きてしまうという人もいます。しかし、メルカリは数ある販売先の中でも、売れている商品を見つけやすい（＝リサーチ作業を簡単にできる）特徴を持っています。メルカリでは、リサーチ作業をパソコンだけでなくアプリで行うことができるのです。移動中などの隙間時間を使ってできることでもあるので、飽きるまでパソコンと向き合うのではなく、空いている時間を有効活用するといいでしょう。

さらに、メルカリの詳細検索では、販売状況に絞って検索することができます。「売り切れ」の商品だけを指定すれば、すでに売れているわけですから、人気の商品に出会える可能性は高いでしょう。その検索結果をもとに商品を選ぶことができるのです。

リサーチの流れやコツを徐々に掴み、単純作業を繰り返すリサーチ作業を毎日続けていくだけで、周りの人と差をつけることができます。あなたの日々の積み重ねによって、必ず転売ビジネスで成功する道が見えてくるようになりますよ。

3-2

「売れる商品」のリサーチ方法

メルカリで売れている中国輸入商品を見つける

メルカリで売れている商品を見つける際には、特に中国商品を検索して見つけていきましょう。

具体的な手順ですが、メルカリを立ち上げたら、画面の上の部分にある虫めがねのアイコン（＝検索）を押してください。次に、「カテゴリーから探す」を選択します。ここで表示されたカテゴリーから、自分が調べたい商品のカテゴリーを選びましょう（図3-2-1）。

例えば、「レディース」の中国輸入品で売れている商品を絞っていくとします。カテゴリーで「レディース」を選ぶと、次にレディースの中の細かいカテゴリーが表示されます。今回は、そのカテゴリーの中の「すべて」を選びます。すると、図3-2-2のような検索結果の一覧画面が表示されます。

図3-2-1 カテゴリー一覧

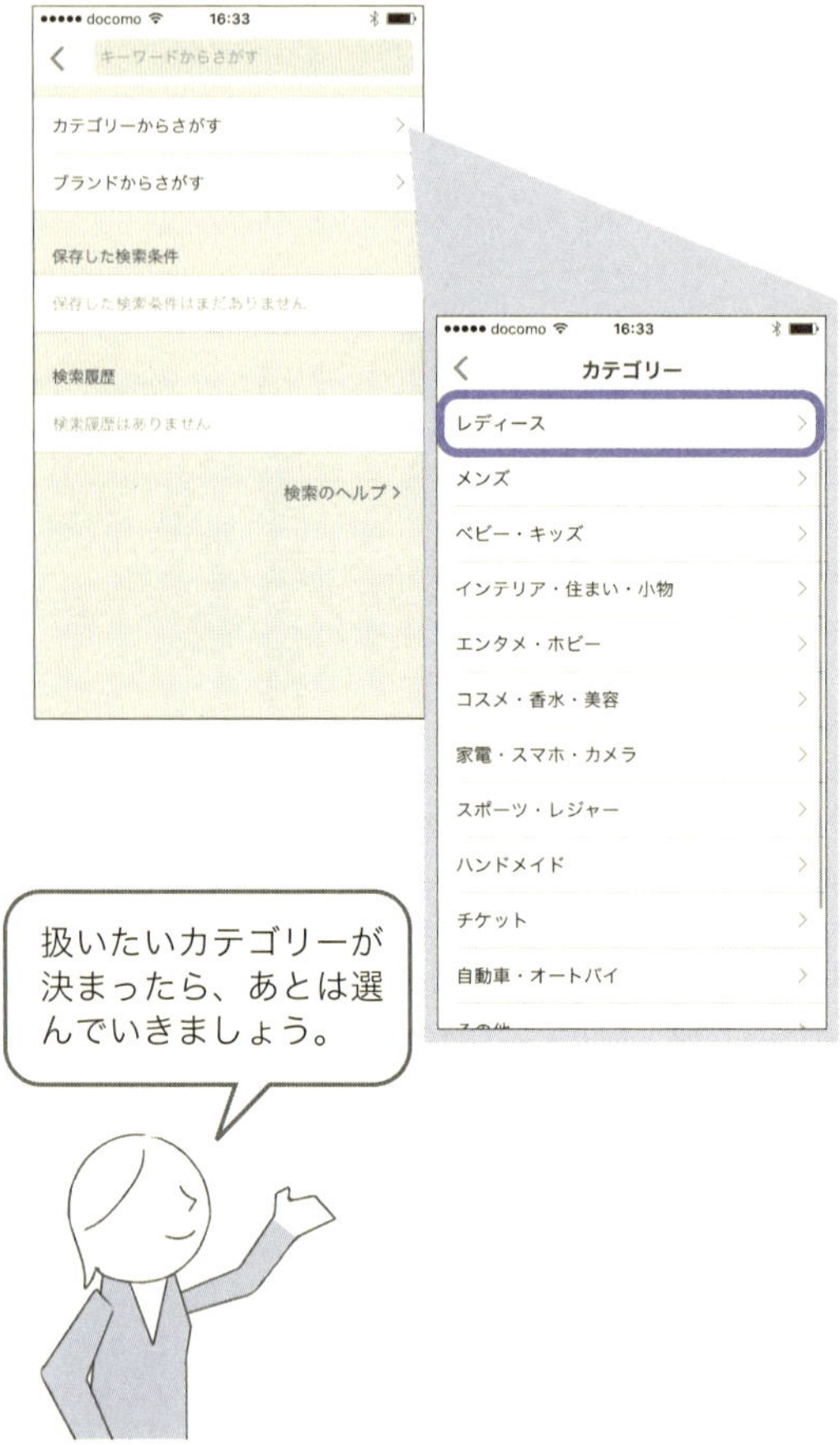

ここから、中国輸入品の中でも売れている商品を探していくことになります。絞り込みのやり方自体は、とても簡単です。

図3-2-2 検索結果

●●●●● docomo
16:34
レディース
並べ替え | 詳細検索
¥1,800
¥6,500
¥1,099
¥3,000
¥400
¥1,650
¥2,000
¥666
¥600
¥1,999
¥4,800
¥2,000
この検索条件を保存する

検索結果には一般の人が販売している不用品も混ざるので、さらに絞っていく必要があります。

STEP1 すでに売れている商品を見つける

この段階では、まだ中国輸入品以外の商品も混ざっていますが、最後に絞り込むので手順通りにやってみてください。まずは、売れた実績のある人気商品を見つけたいので、「販売状況」で「売り切れ」を選択し、商品を絞ります。なお、まだキーワードは入れなくても大丈夫です（図3-2-3）。

STEP2 新品を指定することで、不用品をなるべく除く

次に、新品を見つけましょう。「商品の状態」で「新品、未使用」を選択します。「新品」の商品だけに絞ることで、中国輸入の商品がグッと見つかりやすくなるのです。

STEP3 中国輸入品特有のキーワードで、さらに特定する

実は、中国輸入品を扱う際に皆が共通して入れている特有のキーワードがあります。そのキーワードとは、「ノーブランド」「海外」「ほつれ」「汚れ」など。メルカリのとても便利なところなのですが、商品タイトルだけでなく説明文の中も含めたキーワード検索をしてくれるのです。

例えば、説明文内に「この製品はノーブランド品です」「海外製品のため、ほつれや汚れがある可能性があります。ご了承ください」などと記載されていれば、それを拾って検索結果に表示してくれます。これらのキーワードを入れてみれば、簡単に「売れている中国輸入のノーブランド品」を探し出すことができます（図3-2-4、図3-2-5）。

このように、中国輸入品特有のキーワードをいくつか追加すると、中国系輸入品がたくさん見つかります。それをチョイスしてください。

本当に中国系輸入品かどうかを見極めるポイントの1つは、ずばり画像です。キレイなモデルさんを使っていたり、明らかにプロっぽい撮り方をしているので、それらを選びましょう。

図3-2-3 「売り切れ」かつ「新品、未使用」の商品を選ぶ

図3-2-4 中国輸入品のキーワードで検索する

キーワードに「ノーブランド」「海外」「ほつれ」「汚れ」を入力して検索する。1単語でも、複数キーワードを入れても、どちらでも構いません。

中国からの仕入れ先を見つける

ここからは、一旦メルカリを離れて、ウェブ検索で「仕入れ先」を見つけるという作業を行ってください。

仕入れ先を見つけるためのリサーチ方法は、大きく分けて次の3つがあり

図3-2-5 中国輸入品で売れている商品一覧

●●●●● docomo
16:50
ノーブランド,レディース,新品、未使用,売...
並べ替え
詳細検索
¥11,000
¥2,000
¥980
¥1,300
¥3,400
¥3,980
¥980
¥1,980
¥998
¥3,980
¥1,990
¥1,580
この検索条件を保存する
ここから1つ1つ仕入先を探し、どれくらい利益が出るのかを見ていきます。

ます。

商品の仕入れ先を見つける3つの方法

①キーワード検索
②画像検索
③セラーリサーチ

①キーワード検索

キーワードから商品を検索する方法です。メルカリで見つけた商品のタイトルを、日本語から中国語に翻訳しましょう。

翻訳をしてくれるメジャーなサービスと言えば、Google翻訳です。翻訳元の言語を、「中国語（簡体）」という中国の一般的な言語にします。あるいは、スマートフォンで翻訳するならLINE翻訳が便利です。

翻訳したキーワードを使って、アリババやタオバオなどの、中国の仕入れサイトで検索します。アリババやタオバオではなく、アリエクスプレスを利用するなら英語がメインなので、英語に翻訳して調べるのも良いでしょう。

これで、メルカリで売れていた商品の「仕入れ元」を見つけることができます。

②画像検索

パソコンをお持ちの方は、キーワード検索から一歩進んで、もっと効率の良い方法があります。それが画像検索です。メルカリの商品ページで使う商品画像は、中国の仕入れサイトからそのまま転用している人がほとんどです。そのため、同じ画像を検索することができれば、仕入れ元がすぐに見つかります。

画像検索の方法としておすすめなのは、Googleの拡張機能の「リッツイメージサーチ」の利用です（パソコンで画像検索をする具体的な手順については、本書3－3で詳しく説明します）。

③セラーリサーチ

キーワード検索と画像検索は、仕入れ先を見つけ出すリサーチ方法でした。対してセラーリサーチは、仕入れ先ではなく人気商品を見つけ出すというリサーチです。売れている商品を1つ見つければ、芋づる式に人気商品を見つけることができます（これも、具体的な方法については3−3で説明しますね）。

キーワード検索から、中国からの仕入れ先を見つける

先ほどの3つの「商品の仕入れ先を見つける方法」の中でも、最もベーシックな「キーワード検索」で、人気商品を売っている仕入れ先を見つけ出していきましょう。

例として、メルカリでよく売れているレディースのジャケット「MA−1 ミリタリージャケット」の販売元を検索してみます。

図3-2-6の商品の場合、「ジャケット」「カーキ」「レディース」「MA-1」などのキーワードから、販売元を調べることができます。Google翻訳を使い、キーワードを1つずつ中国語に翻訳してみましょう。Google翻訳でうまく検索できないときは、日中辞典(http://cjjc.weblio.jp/)で調べます。図3-2-7

図3-2-6 メルカリで人気の中国輸入商品

「MA-1ミリタリージャケット」と同じ商品名で検索すると、よく売れている商品かどうかも調べることができます。

の段階で、中国語訳したキーワードをコピーします。

今回は、コピーした中国語キーワードをアリババ（https://www.1688.com/）で検索してみましょう。図3-2-8のように、アリババの検索欄にペーストします。欄の右にあるオレンジ色のボタン（検索ボタン）を押して検索します。すると、図3-2-9のような検索結果一覧が表示されます。

図3-2-7 中国語に翻訳する

googleの検索で「◎◎　中国語」と検索すると、中国語に翻訳できます！

なお、5分もかけても見つからないものは、あきらめて次の商品を調べるようにしてください。どうしても仕入れたい商品（利益率50％以上が目安）以外は飛ばした方が効率的です。

とにかく、まずは慣れること。

やればやるほどコツを掴めるので、どんどん数をこなしてくださいね。

図3-2-8 アリババで商品を検索する

図3-2-9 検索結果一覧

検索結果ですぐに出てこない場合は、下にスクロールして探したり、同じような商品を見つけたら、その中国語の商品名をコピペして再度探してみてください。

3-3 さらに効率アップ！売れる商品をどんどん見つける方法

キーワード検索より便利？画像検索で効率アップ

ここでは、キーワード検索から一歩進んで、さらに効率よく簡単に仕入れ先を探す方法「画像検索」を試してみましょう。画像検索とは、画像をアップロードをすることで、その画像が掲載されている他のページを見つけ出すことができるという検索方法です。

すでにお伝えした通り、メルカリでは、商品ページの画像として中国の仕入れサイトの画像をそのまま転載している人が多いです。だから、キーワードを1つずつ中国語に翻訳して探すより、画像をもとに探すほうが簡単に見つけ出せる可能性が高くなります。

画像検索には、2つの方法があります。1つは、ウェブブラウザ上（どのブラウザでも良い）で「Google画像検索」を行うという方法。もう1つは、Google Chromeというブラウザを利用して、リッツイメージサーチというプラグインを使用する方法です。

では、それぞれの方法をご紹介していきます。

Google画像検索を使う

Google Chromeに限らず、FirefoxやSafariなど、どんなブラウザでもできる「Google画像検索」のやり方を説明します。

Google画像検索のやり方

①調べたい画像のURLをコピーしておく（画像上で右クリックからコピー可能です。図3-3-1）
②Google画像検索のページ（https://www.google.co.jp/imghp）にアクセスする
③カメラアイコンをクリックする
④検索ボックスに戻り、URLを貼り付ける（図3-3-2）
⑤「画像で検索」ボタンをクリックすると、検索結果のページになる（図3-3-3）

図3-3-1 画像のURLをコピー

調べたい画像にマウスを合わせて右クリックします。そして、「画像アドレスをコピー」をクリックすると、コピーできます！

図3-3-2 Google画像検索

グーグルで「画像検索」と検索し、こちらのページを開いてください。開いたら、カメラマークをクリックし、探したい画像のＵＲＬを貼り付ければ検索できます。

図3-3-3 画像検索の検索結果

検索結果では、最初のページは日本語のサイトが出てきますが、スクロールして見ていくと仕入先が見つかります。

なお、Google Chromeの最新版を使うと、商品の画像の上で右クリックして「Googleで画像を検索」をクリックするだけで、調べることができます。

リッツイメージサーチを使う

リッツイメージサーチは、Google Chromeというブラウザのみで、無料で使えるプラグインです。ここからはGoogle Chromeを使って、リサーチを進めてください。リッツイメージサーチを使えば、Google画像検索のページを開いたり、画像のURLをコピーして貼り付ける手間を省くことができます。リサーチの時間をグッと短くすることができるでしょう。

(本書ではリッツイメージサーチのプラグインがある前提で説明していきますので、まだ準備ができていない場合は、本書2-3を参考に準備しておいてくださいね)

リッツイメージサーチを使って画像検索するのはとても簡単です。調べたい商品の画像の上で右クリックして、「Lits Image Search→Search on Google」を選択するだけで、同じ画像が掲載されているさまざまなページが表示されます。Google画像検索の使い方で説明した、①～⑤の作業が瞬時に完了できるのです（図3-3-4）。

ちなみに、この画像検索は国内の仕入れ先を探すときにも便利です。

リッツイメージサーチの使い方

①調べたい商品の画像の上で右クリック
②「Lits Image Search→Search on Google」を選択
③中国の仕入れサイトを探すためにキーワードを追加

図3-3-4 リッツイメージサーチの使い方

手順②までが終わったばかりの状態では、中国サイト以外も表示されます。そこで、キーワードを追加してページをさらに絞りましょう。

例えば、「1688.com」というアリババのページに含まれるURLのキーワードを追加入力して検索します。すると、より効率よく中国の仕入れサイトを探すことができるでしょう（図3-3-5）。追加するキーワードは、タオバオのページを探したいなら「taobao」、アリババなら「1688.com」、アリエクスプレスなら「aliexpress」などです。

図3-3-5 リッツイメージサーチで中国サイトを検索

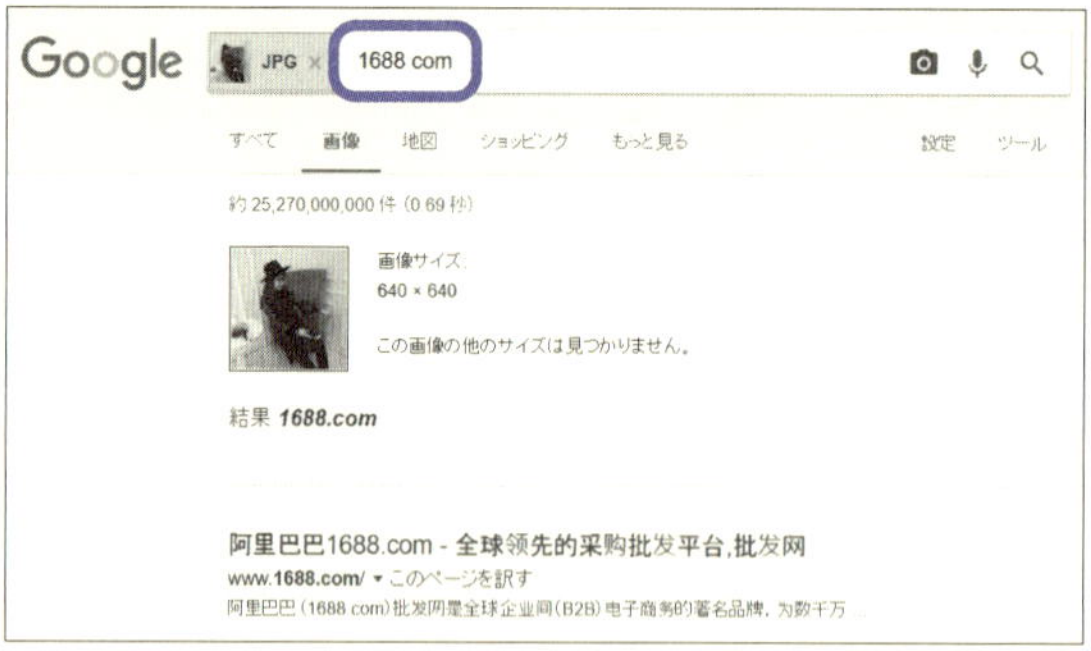

検索バーに仕入先のキーワードを入れると、仕入先を簡単に見つけることができます！

なお、ブラウザの基本設定が日本語になっていると、日本語ページが上位表示されやすいため、中国語サイトを探すには、なるべく後ろのページから見ていってくださいね。

利益が出る商品であることを確認する

画像検索で似た画像の商品を見つけたら、同じ商品かどうかを確認しましょう。同じ商品であれば、さっそく利益計算をして、仕入れるかどうかを決めていきます。

利益は、元の商品と売れる価格の差額です。基準は、1個あたり1000円以上の利益が出ること。利益率はだいたい、50％を超える商品を選んでください。仕入れの値段（送料抜きで商品自体の値段）は、1個500円以下がベストです。

ところで、商品の仕入れに利用する代行会社では、手数料がかかります。実際のレートに手数料1円を加えて、金額の計算をしましょう。元と円の価格の確認は、為替レートのサイトを利用してください。

代行会社ライトダンスなら、トップページ（http://www.sale-always.com/）に、仕入れる際の目安として1元当たりいくらなのかが書いてあります。ここには、手数料の1円もプラスされています（図3−3−6。具体的な計算方法については、本書の第4章で詳しく解説します）。

図3-3-6 ライトダンスのサイトトップページ

中国輸入で商品を買い付ける際は、代行会社の「ライトダンス」を活用しましょう。仕入れたい商品を代わりに仕入れ、日本まで送ってくれます。

売れる商品をどんどん見つけるセラーリサーチ

キーワード検索や画像検索で、利益が出る商品を見つけたら、どんどん売れる商品を見つけることができる方法があります。「セラーリサーチ」と呼ばれる方法で、売れる商品「A」を扱っている出品者（セラー）を検索するのです。

売れる商品「A」を扱っているのは、1人とは限りません。そして、売れる商品「A」を扱っている出品者は、売れる商品のみを扱っている転売のプロという可能性があります。

良い商品を扱っているセラー＝稼いでいるセラーです。つまり、そのセラーが取り扱っている商品の一覧を見れば、芋づる式に良い商品を見つけることができます。

そのセラーが扱っている商品の中で、いいなと思った商品と同じものを自分でも扱っていきましょう。セラーリサーチは、スマートフォンでも簡単にできます。

3-4

中国仕入れサイトの特徴を把握する

各種仕入れサイトの比較

仕入れる商品は中国サイトから探すのですが、筆者がおすすめするのは次の４つのサイトです。

- AliExpress（アリエクスプレス）
- 淘宝網（タオバオ）
- 阿里巴巴（アリババ）
- 天猫（Tmall）

まずは、これら4つのサイトの特徴を比較してみましょう。
商品の種類、価格の安さ、質の良さ、という3つの視点で比べてみます。

- 商品の種類：タオバオ＞アリババ＞アリエクスプレス、天猫
- 価格の安さ：アリババ＞タオバオ＞アリエクスプレス、天猫
- 質の良さ　：天猫＞アリババ＞タオバオ、アリエクスプレス

天猫は商品の質が良いサイトなのですが、商品の値段が高いため、メルカリ転売初心者にはおすすめしません。基本的には、タオバオ、アリババ、アリエクスプレスの3つを使うと良いでしょう。

最も初心者向きと言えるのは、アリエクスプレスです。というのも、アリエクスプレスは代行会社を使わなくても、アリエクスプレスのサイトで注文するだけで中国

から日本に商品を直送してくれるのです。

一方、タオバオやアリババは、中国国内向けのサイトなので、基本的に商品の配送先を日本にすることはできません。また、日本のクレジットカードも使うことができません。しかし、代行会社を利用すれば、日本国内にいながら商品を受け取ることも、代金の支払いも可能です。

4サイトの中で、商品の種類が最も多いのがタオバオ。そして、値段が安い商品を見つけやすいサイトがアリババです。だから、まずはアリエクスプレスを使ってみて、それからタオバオ、アリババの2つのサイトを使い分けることでステップアップしていくというやり方がおすすめです。

ちなみに、著者は仕入れサイトとして、アリババをメインに使っています。

商品の配送について

商品の到着日数は、目安として仕入れの買付依頼後、約2～4週間ほどです。ただ、アリエクスプレスはそれよりも時間がかかる場合があります。

なぜなら、アリエクスプレスではチャイナポストという国際郵便を利用しているからです。チャイナポストは配送料金がもっとも安い分、他の配送サービスよりも到着が遅いサービスなのです。

さらにアリエクスプレスは、中国の一般的な市場（タオバオなど）から仕入れて売っているケースがあるため、タオバオやアリババで売っているよりも商品の値段が少し高い傾向もあります。

ちなみに、配送サービスとしては、チャイナポストよりもスピーディーに届けてもらえるEMS（日本郵政の国際スピード郵便）やOCS（ANAグループの国際輸送サービス）があるのですが、この2つは商品を大量に配送してもらう場合でないと、送料が割高になってしまいます。アリババなどで、ある程度まとまった量を仕入れる際にはお得です。

なお、アリエクスプレス以外は、商品の到着日数が販売者によって左右されます。出品者の今までの実績や、配送方法を選択する際に、到着日数目安をチェックしましょう。

おすすめの3サイトの特徴

まずは初心者向けのアリエクスプレスで数点買ってみて、ステップアップしたい人は、リサーチを商品数の多いタオバオで行い、商品を見つけたら、タオバオの商品タイトルを使ってアリババで検索して商品を見つけ、仕入れていく。

そんな流れがおすすめです。

こうすることで、一番安くて質の良いものが手に入ります。

では、本書で特におすすめするアリエクスプレス、タオバオ、アリババの特徴を詳しく見てみましょう。

● 仕入れサイト1：アリエクスプレス（図3-4-1）

メリット

- 英語（日本語）がメインのサイトである
- 日本のクレジットカードで決済可能
- 中国から日本へ直送してくれる
- 単品購入でも割高にならない

デメリット

・品ぞろえが少なめ
・タオバオやアリババに比べると、値段が割高
・代行会社をはさまないため、中国で検品されない

アリエクスプレスは、中国のアリババグループの海外向けの通販サイトです。中国国内だけでなく、海外のお客さんも対象としているため、メイン言語として英語が使われています。日本語で書かれているページもあるのですが、基本的に出品者とのコミュニケーションは英語もしくは中国語となります。

日本への直送も行っています。代行会社に依頼しなくても、日本の楽天などのサイトでネットショッピングをしている感覚で買い物をすることができるのです。値段はタオバオやアリババよりも高い商品が多いですが、たまにお得な商品も見つかります。

なお、ほとんどの商品は送料込みで販売されています。だから、送料を別で計算しなくても良く、1個からでも気軽に購入できるので、もっとも初心者に向いているサイトと言えるでしょう。一度にたくさん購入すれば、商品の割引等も交渉できたりするのも良いですね。

ただし、代行会社をはさまないというのは手間が少ない反面、中国国内での検品が

図3-4-1 仕入先「アリエクスプレス」（https://www.aliexpress.com/）

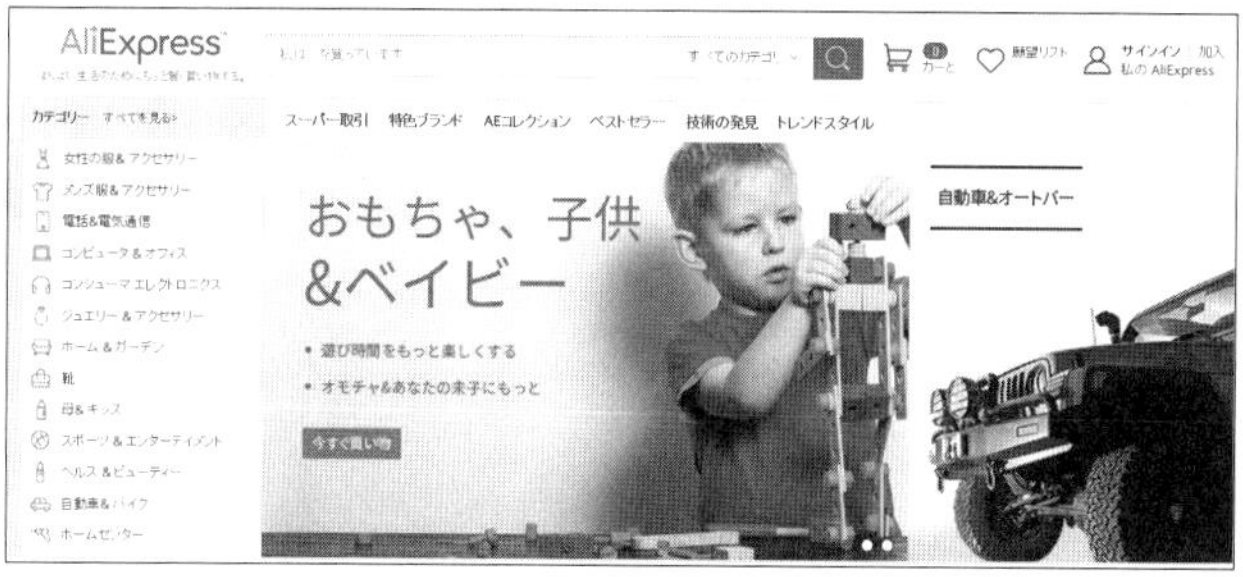

日本のクレジットカードにて1個から購入でき、日本まで直接送ってくれるので、初心者にはおすすめのサイトです。

できないということなので注意が必要です。

アリエクスプレスで粗悪品を避けるのは、正直言って難しいでしょう。対策としては、評価数とあわせて注文数（=order）の数字を見るのがコツ、くらいでしょうか。アリエクスプレスでは、検索で注文数が多い順に商品を並べ替えることができるので、参考にしてみてください。

●仕入れサイト2：タオバオ（図3-4-2）

メリット

- ・品揃えが豊富
- ・安い値段で買える商品も多い

デメリット

・品質にムラがある

タオバオの1番の特徴は、品揃えの豊富さでしょう。中国では「タオバオにいけば、どんな商品も売っている」と言われています。その品揃えの良さは中国だけに留まらず、世界中の他の仕入れサイトに比べてもトップクラスです。商品の価格は、アリエクスプレスよりも安く、アリババよりは少し高めという感じです。

ただし、個人で出品している人が多いので、商品の質という面ではあまり良く無いです。中には、かなり質の悪い商品も混ざっているため、粗悪品を避ける対策をしっかり行う必要があります。同じ商品でも多数の出品者がいるので、粗悪品を扱わないショップを見つけ出すために、商品レビューと価格を比べるのがおすすめです。

タオバオを使うには、代行会社の利用がマストです。しっかり検品してくれる代行会社に依頼すれば、粗悪品を避けることができるでしょう。また、タオバオは中国語で書かれているサイトなので、商品を検索する時は翻訳する必要があります。

図3-4-2 仕入先「タオバオ」
(https://www.taobao.com/)

アジア最大のショッピングサイトと言われるくらい、品揃えは豊富です。入れたい商品が他のサイトにない場合は、ここから仕入れましょう。

仕入れサイト3：アリババ（図3-4-3）

メリット

・値段がかなり安い
・品質が良い

デメリット

・タオバオよりは品数が少ない
・最低購入量が設定されている商品がある

タオバオと同じく、アリババも商品検索時は翻訳して中国語を使います。また、代行会社を利用して仕入れを行う必要もあります。アリババの特徴は、卸サイトだということです。卸サイトというのは、メーカーや工場などの業者が小売店などに向けて、商品を販売しているサイトです。工場が直接販売していることが多く、仲介業者のマージンがないため、商品の値段がかなり安くなっています。また法人の出品者が多く、タオバオと比べて質が安定しているのもメリットと言えるでしょう。

　ただ、卸サイトは基本的に業務用で買われる

図3-4-3 仕入先「アリババ」（https://www.1688.com/）

工場やメーカーが直接販売していることが多いため、値段が安く、質も比較的良いものを仕入れることができます。可能な限り、アリババから仕入れましょう！

ことを想定しています。そのため、中には1個や数個からの買付ができない場合がありますす。その代わり、1度にたくさんの量を購入すればその分割引されるので、上手に使えばアリババが最も安い仕入れ先となるでしょう。

また、ここで紹介しているのは中国国内向けのアリババですが、世界市場向けのサイトも存在します（http://www.alibaba.com/）

3-5

「確実に売れる商品」の選び方

粗悪品を徹底的に避ける

中国サイトでは、全く同じ写真を使っていて一見すると同じ商品を販売しているのに、出品者によっては質が全く違うというケースがよくあります。よって、中国サイトからの仕入れでは、国内サイトよりも「商品の質にバラつきがある」と心構えをしておいた方が良いでしょう。

ちなみに、日本人からすると迷わず「不良品」と感じてしまう商品でも、そもそも中国では不良品として扱われないことがあります。文化や感覚が違うため、現地の人からすれば当然のことで、決して「不良品」とは言えないものも中にはあるのです。その点も踏まえると、なおさら、「良品」だと確信できるものを仕入れたいところです。

粗悪品を避けるために見るべき「評価」

では、粗悪品を避けるためには、どこを見るべきなのでしょうか？
重点的に見るべきなのは「評価」です。
主に見るべきポイントは、次の2点となります。

- 出品者の評価
- 商品の評価

それでは、具体的に商品ページのどの数字を見れば、出品者と商品の評価を確認することができるのか。アリババを例に、説明していきましょう。

アリババで出品者の評価を確認する

アリババでは、中国語が読めなくても出品者の評価を簡単に知ることができます。タオバオやアリエクスプレスでも同じですが、出品者の評価については、マークで確認することができるのです。

図3－5－1を見てください。アリババでの出品者の評価は、高い順（＝総取引数が多い順）に王冠マーク、ダイヤマーク、星マークとなります。王冠かダイヤが付いている出品者であれば、すでにそれなりの数の取引をしている「業者」だと考えられるので、商品を仕入れても良

図3-5-1 アリババでの出品者の評価マーク

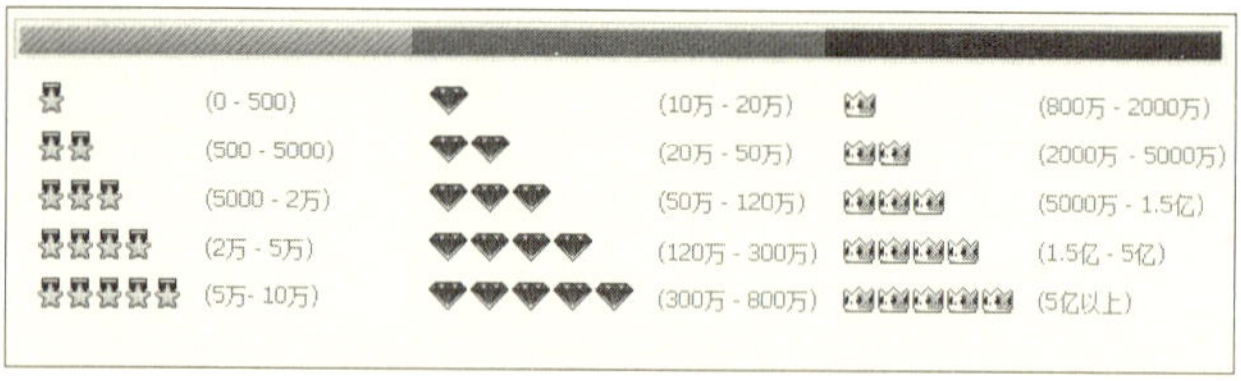

星マークが初心者セラーで、王冠になるにつれベテラン販売者となります。星マークの販売者は避けた方がの無難です。

いでしょう。星が付いている場合は、取引数がまだ少ないバイヤーなので、信用度が低いと考えられます。

次に、図3-5-2と3-5-3を見てください。

まず出品者の評価を確かめるには、商品ページごとに図3-5-3のような出品者の基本情報を見ます。この例だと、ダイヤマークが付いていますので、信頼できる出品者と考えられます。

図3-5-2 アリババに出品されている麦わら帽子

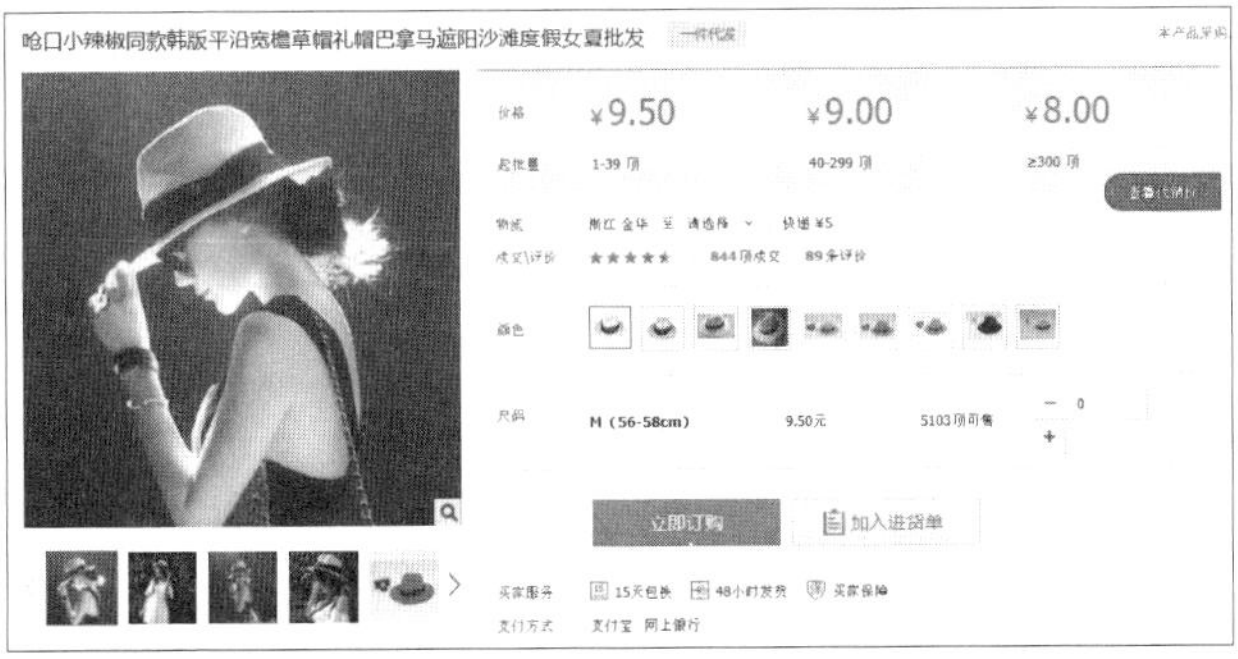

図3-5-3 アリババで出品者の評価を確認する

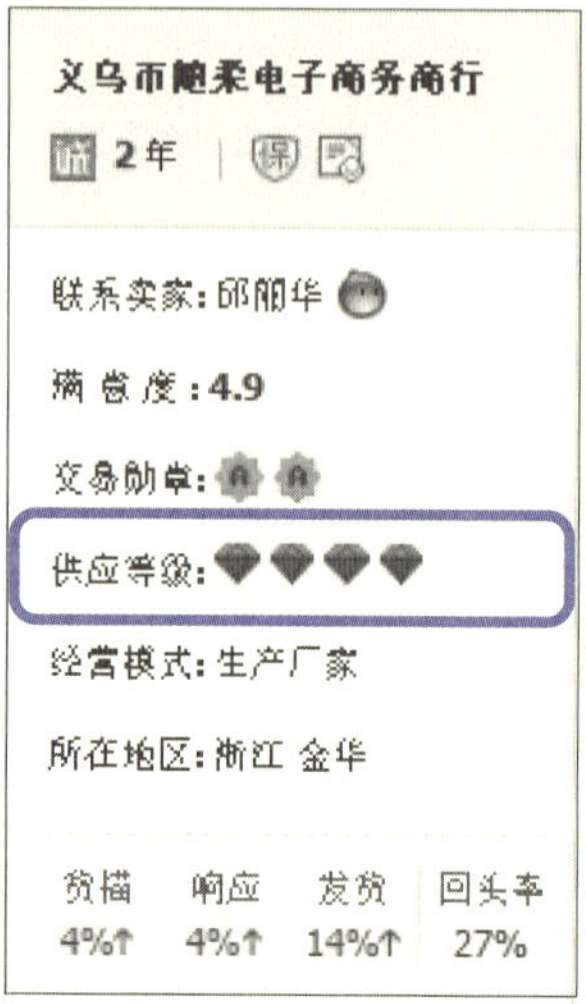
2年
满意度：4.9
交易勋章：
供应等级：
经营模式：生产厂家
所在地区：浙江 金华
货描 4%↑
响应 4%↑
发货 14%↑
回头率 27%

商品ページの左下に記載があります。ここのマークと図3-5-1 の評価の表を比べ、なるべく高いランクの販売者から商品を購入しましょう。

アリババで商品の評価を確認する

出品者の評価だけではなく、商品の評価も押さえることで、さらに不良品を選ぶリスクを下げることが可能です。また、その商品の取引数もあわせて見ておくと良いでしょう。こちらは、商品ページの数字（●顶成交）でチェックできます（図3-5-4）。

中国語がわからなくても、この数字を見れば良いだけなので、簡単ですよね。

取引数の数字の右側には、商品の評価数を示す数字があります。もう少し商品のことを詳しく知りたい人は、「●条评价」をクリックすれば、購入者の感想が記載されたページを見ることができます（図3−5−5）。わざわざ翻訳しなくても、感想の内容に「好」「好评」という文字があれば、買った人が満足していることが大まかに読み取れます。

図3-5-4 アリババで商品の取引数を確認する

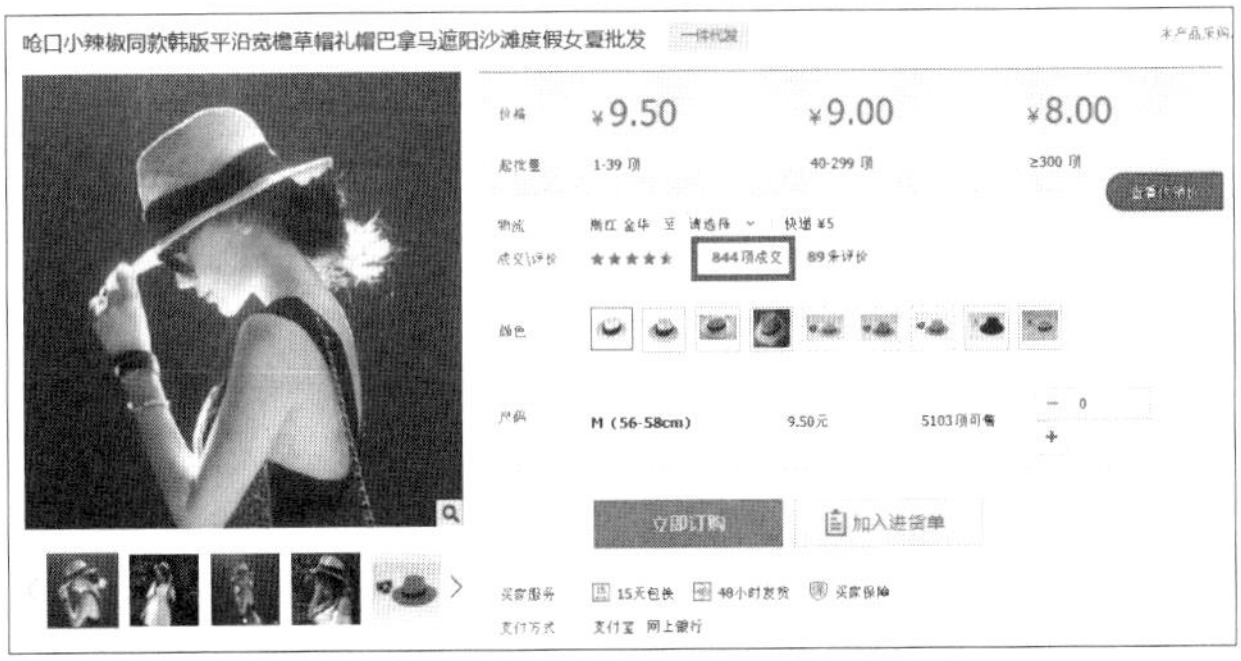

取引の量が多いということは、人気の販売者である可能性が高いと言えます。

図3-5-5 アリババで商品の評価を確認する

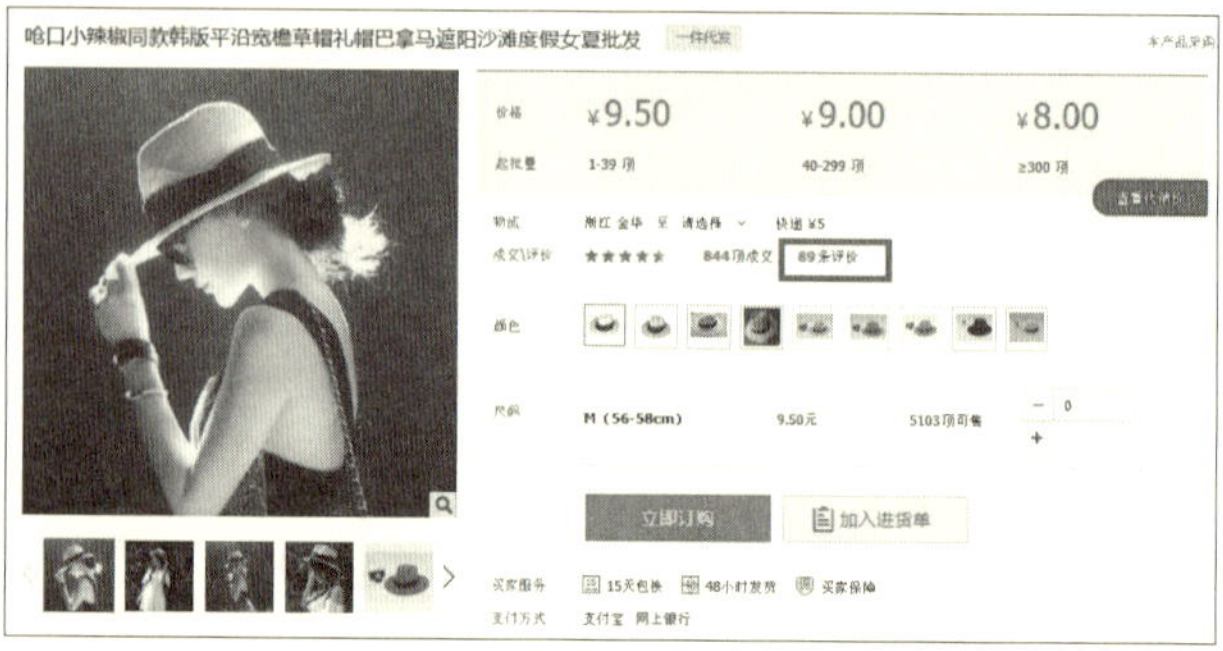

仕入れにおすすめの商品ジャンルとは？

メルカリでは、様々なジャンルの商品を売ることができます。また、中国からの仕入れにおいても、幅広いジャンルの商品を選ぶことができます。そのため、どの商品を仕入れようか迷ってしまうという方も多いでしょう。

方針としては、何と言っても利益率を優先してください。

送料、代行会社へ支払う手数料など差し引いたとしても、1個当たり最低でも50％以上は利益が出るような商品を扱いましょう。

では、利益率が高い商品を選ぶことは大前提だとして、初心者におすすめの商品とはどのようなものでしょうか？

実は、明確な特徴があります。

初心者でも扱いやすい商品の特徴

- ・小さくて軽いもの（小物系、アクセサリーなど）
- ・壊れにくいもの（ガラス製品は避ける）
- ・サイズやカラーのバリエーションが少ないもの（靴などは避ける）
- ・年中売れるもの（スマホケースなど）

このような商品は、初心者の方でも扱いやすいと言えます。小さくて、軽い商品は安い送料で仕入れることができるので、おすすめなのです。

また、壊れにくい商品を選ぶということも大事です。最初のうちはトラブルに不慣れなので、中国輸入の一連の流れに慣れるまで、仕入れリスクがなるべく低いものを選びましょう。

サイズ展開がある商品は、なるべく避けてください。日本人の体型に合わなかったり、そもそものサイズ感が思っていたものと違う可能性もあります。また、デザイン自体が売れないものだと、カラーバリエーションがあっても、全ての商品が売れ残ってしまうリスクもあります。

季節商品は、仕入れの時期が難しい商品です。配送にかかる時間も考慮して、前もって仕入れなくてはなりません。仕入れの時期を外してしまった場合、シーズンが終わってしまっているので、在庫を1年間持ち越さなければならないということも起こり得ます。

例えば、サンダル、サンタクロースやハロウィンのコスプレといったものは避けましょう。

中国輸入に慣れてきたら、ステップアップして、初心者が扱いやすい商品とは逆の特徴を持つ商品にも挑戦してみてください。

季節商品やサイズ、カラーバリエーションが多い商品は、先ほど挙げたリスクがあるので、むしろライバルが少なく、希少価値が高い。そのため、利益が高くなりやすい商品となり得ます。まだ少数の人しか仕入れていない新商品に挑戦してみるのも、いいかもしれません。

とは言え、「売れる！」と思ってせっかく選んだ商品でも、知的財産権、例えば商標権にひっかかるなど、NGな特徴を持つ商品を仕入れてしまっては販売することができません。

そこで、次の第4章では、中国輸入における注意点について説明していきたいと思います。

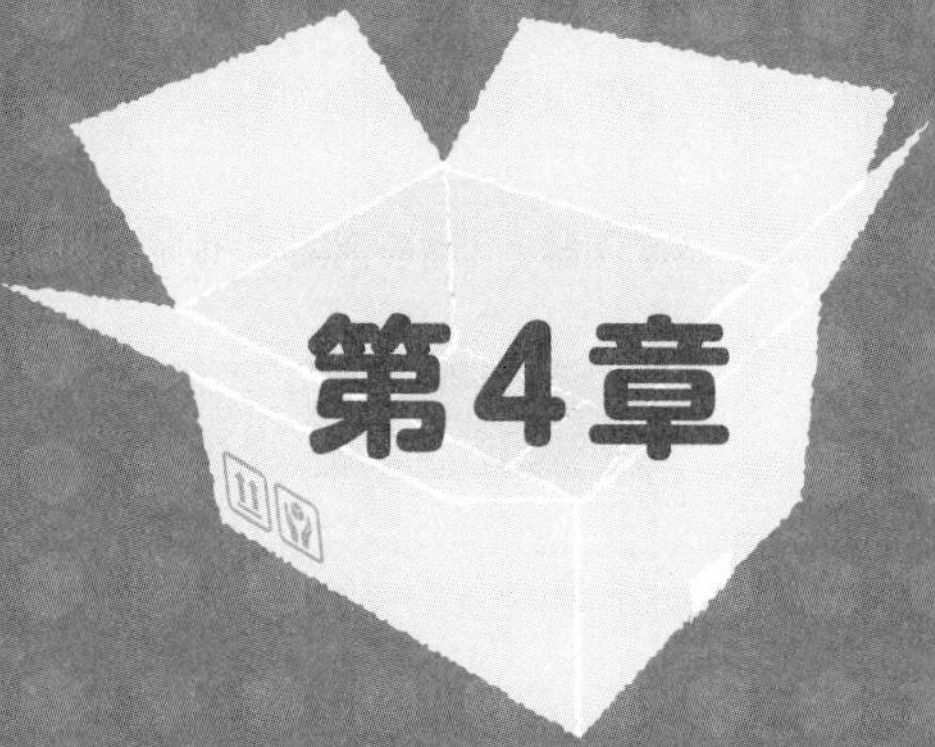

第4章

中国からの輸入で絶対に注意してほしいこと

4-1

輸入しない方が良い商品とは

大きく分けて3つのタイプがある

中国輸入は決して難しくありません。とは言え、何でもかんでも輸入しても良いということはありません。例えば、法律によって輸入や販売を禁止している商品も中にはあるのです。

意図的ではないにしても、知らなかったでは済まされないこともあるので、中国からの輸入で避けたほうが良いものはあらかじめて知っておくに越したことはありません。

輸入しない方が良い商品には、次の3パターンがあります。

中国からの輸入を避けたほうが良い商品

①輸入禁止物
②輸入可能だが、法律が絡むもの
③輸入する際に注意を要するもの

①輸入禁止物

そもそも輸入が禁止されているものは、仕入れることができません。例えば、次のようなものです。

- ・武器類、爆発物、危険物
- ・薬物類
- ・児童ポルノ
- ・偽物（コピー品）のブランド品、キャラクターグッズ、通貨　など

これらの中でも、特に偽物やコピー品には注意してください。中国のサイト上でヴィトンやシャネルと表示されている商品は、ほとんどが偽物、いわゆるコピー品だと考えたほうがいいでしょう。本物である可能性は5％もありません。

また、ルイ・ヴィトン等は、ダミエ柄やモノグラム柄などの「デザイン」自体を商標登録している場合があります。その場合、ブランド名やロゴが入っていなくても、同じ柄を使用しているものは違反商品になります。だから、仮にこうした商品を仕入れようとしても、まず税関で没収されるでしょう。

偽物やコピー品の他には、違法ではないと称して販売されているハーブやアロマ

オイル、入浴剤にも注意が必要です。これらの中には、「麻薬」などの薬物類にあたり、輸入が禁止されているものもあるので注意してください。

輸入禁止物の場合、万が一、輸入してしまうと犯罪になります。そのため、これらの輸入禁止物には関わらないのが賢明です。もっと詳しく知りたいという人は、財務省関税局のページを確認しておきましょう。

輸出入禁止・規制品目：税関 Japan Customs

http://www.customs.go.jp/mizugiwa/kinshi.htm

②輸入可能だが、法律が絡むもの

税関で止められることがない製品でも、法律がからむ商品については、知らず知らずのうちに輸入してしまい、後から面倒なことになるということがあります。しっかり確認しておきましょう。

法律が絡む輸入品（販売が規制・禁止されているもの、輸入の手続きが非常に煩雑なもの）と、それに対応する法律をいくつか見ていきたいと思います。

●電気製品（電気用品安全法）

電気製品は、基本的に扱わないのがベストです。ここで言う電気製品というのは、電力を供給するブレーカーやコンセントが付いている製品のことなのですが、これらは製造、輸入した人が法の履行義務を果たしたうえで、ＰＳＥ（電気用品安全法）マークを表示する必要があります（図4－1－1）。そして、それを行わずに販売してしまった場合には、罰則が発生します。

なお、乾電池のみで動作するものは、電気用品安全法の対象外となります。詳しいことは、管轄の経済産業省に問い合わせてみてください。

●電波を出す機器（電波法）

Wi-Fi、Bluetooth、スマートフォンなどの無線機器は、日本国内では、技適（技術適合）の手続きに通っているものしか電波を出すことが許されていません。よって、技適マークのないものを国内で使うのは法律違反です。海外で使用する場合のみ適応外となります。

電波を出すものを仕入れる場合は、図4−1−2の技適マークが付いているかどうかを確認しましょう。また、技適マークを取得するには検査当手

図4-1-1　PSEマーク

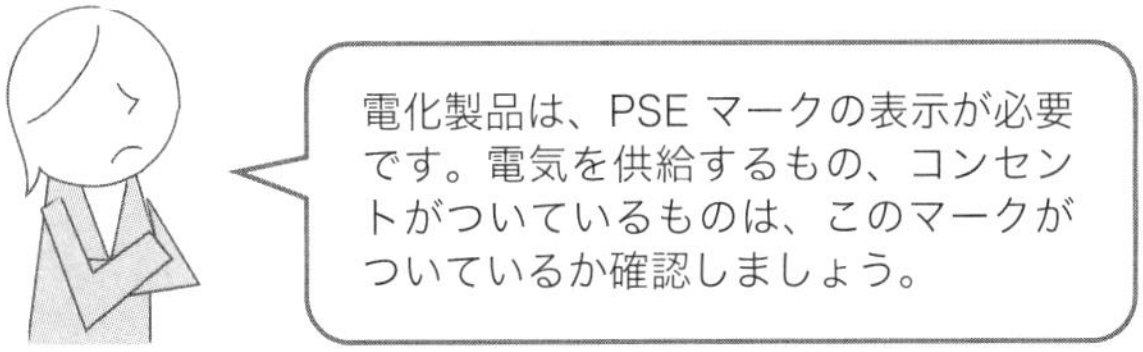
電化製品は、PSE マークの表示が必要です。電気を供給するもの、コンセントがついているものは、このマークがついているか確認しましょう。

続きが必要ですが、大変な労力とコストがかかりますので、個人で輸入するのはおすすめできません。

●食器類（食品衛生法）

食品を扱おうとする人はなかなかいないと思いますが、調理用器具や食器にも食品衛生法が関わります。また、幼児向けグッズも、子どもがおもちゃを口に入れてしまうという理由で、食品衛生法の適用を受けます。

図4-1-2 技適マーク

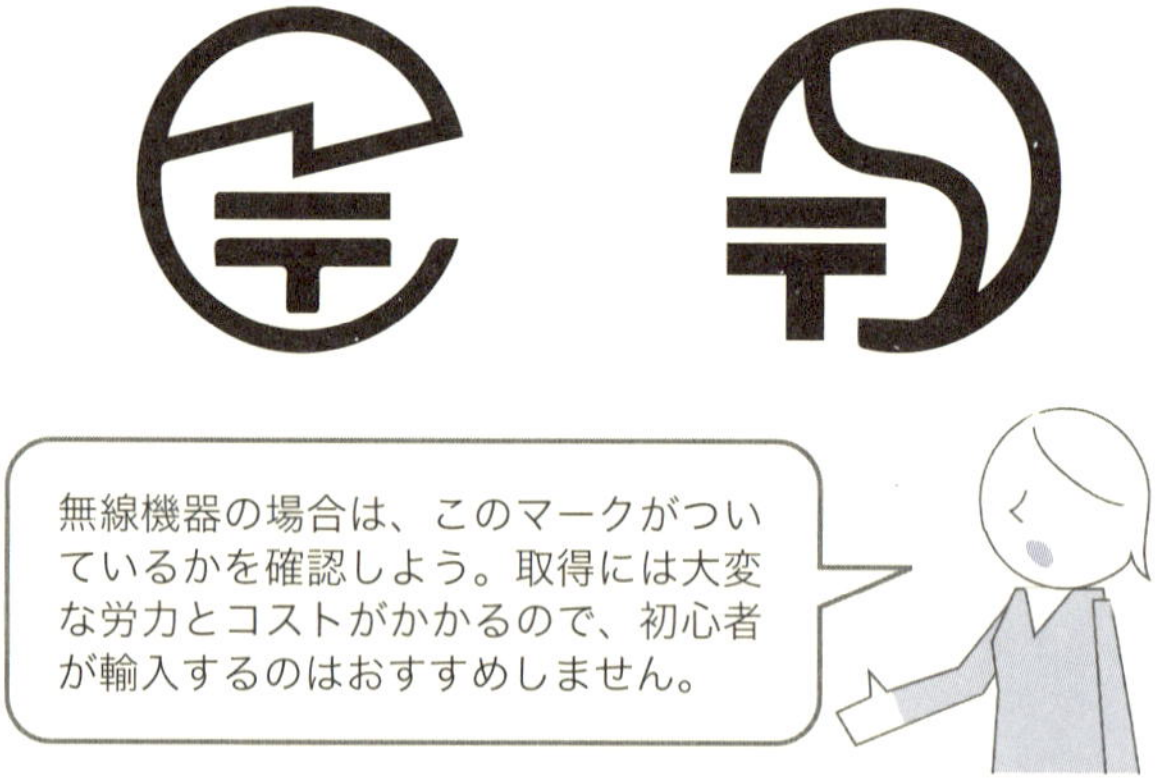
無線機器の場合は、このマークがついているかを確認しよう。取得には大変な労力とコストがかかるので、初心者が輸入するのはおすすめしません。

●医薬品、化粧品（薬事法）

医薬品や化粧品を輸入するには、薬事法のライセンスが必要です。配合成分のチェックなど科学的なデータなどに基づいて確認された商品だけが、国内で流通するように規制されています。

●芸能人、キャラクターグッズ（知的財産権）

知的財産権を侵害する物は輸入禁止です。アニメキャラのコスプレグッズが中国サイトでは販売されていますが、大半が許可をとっていない違法商品となるため絶対に止めましょう。

以上、今回紹介したもの以外にも、法律が絡む可能性がある商品が存在します。新しい法律ができたり、今までの法律が変わることもあるので、輸入する際のは必ず、税関のサイトや税関へ問い合わせるようにしてください。

なお、許可が必要な物品についてはライバルがほとんどいません。法律が絡むと「面倒で難しそう」と、多くの人が避けるためです。だから逆に、輸入に慣れてきたら挑戦してみてもいいかもしれませんね。

③輸入する際に注意を要するもの

法律で禁止・規制されているわけではないものの、輸入するには注意した方が良いものもあります。これから紹介する商品は、初心者のうちは慎重に仕入れたほうが良い、もしくは仕入れないほうが良いものです。

CD、DVDなどのメディア商品

輸入は禁止されていませんが、違法にコピーして販売されていたりするものがあるので、中国からの輸入の場合は検査が厳しいようです。

壊れやすい商品

輸入する際には、海外から送られてくる途中で振動や衝撃などが加わります。だから、ガラス製品など割れやすかったり、壊れやすい商品は注意が必要です。

代行会社の検品で送った際には割れていなくても、日本に到着する時には割れてしまっていることもあります。

電気関係、LED関係

比較的不良品率が高いので、まずは少量（数個）で仕入れて様子を見ましょう。すぐに電球が切れてしまったり、暗かったりなどの症状がよくあります。

あまりにも安く販売されている物

例えば、極端に安いアパレル製品。同じ商品でほかの販売者と比べて、明らかに値段が安い商品の場合は要注意です。「素材がかなり安っぽい」「裁縫が甘い」「汚れている」など、品質が悪い可能性が高いからです。販売できたとしても、悪い評価が付いてしまう元になるので、手を出さない方が無難です。

発送方法によっては送ることができない物

リチウムイオン電池が含まれる商品は、国際郵便で送付する場合、満たしておかなければいけない条件がいくつかあります。

詳しくは、次のサイトをご覧ください。

国際郵便として送れないもの - 日本郵便「リチウム電池について」

http://www.post.japanpost.jp/int/use/restriction/restriction02.pdf

また、航空危険物は航空便以外での発送に限られます。そのため、配達が遅くなってしまいます。

以上、「これは大丈夫かな？」と不安に思うことがあれば、税関に相談してみるのが一番です。そして、あらかじめ「仕入れで避けるべき商品」を知っておけば、安心して効率良くリサーチを進めていくことができるでしょう！

4-2 良い代行会社の選び方

代行会社を選ぶ際のポイントは?

中国輸入のポイントとなるのは、現地の代行会社です。「中国輸入　代行会社」というキーワードで検索すれば、たくさんの代行会社が出てきます。

代行会社を選ぶ際のポイントは、次の5つです。

・料金の安さ
・対応の早さ
・配送の早さ
・検品の質

・サポートの充実性

料金の安さ

代行会社の中には、手数料は安いのに配送料がびっくりするほど高いところや、検品の質が悪いところも存在します。よって、利用する際にかかるトータルのコストで判断しましょう。

対応の早さ

商品ページの写真だけではわからないことや気になることとは、代行会社に伝えて、自分の代わりに確認してもらうことになります。そのため、連絡のレスポンスが遅い代行会社を選んでしまうと、その分仕入れから販売を始めるまでの時間が長くかかってしまいます。

問い合わせに対して素早い返答を返してくれるかどうかで、その業者の信頼度がほぼわかると思ってください。

配送の早さ

連絡に対する対応の早さだけでなく、商品が手元に届くまでにかかる配送の早さも大切なポイントです。例えば季節商品の場合、商品の到着が遅いと「せっかくリサーチしたにも関わらず、販売できる期間が短かった」「商品が到着したとき、もうイベントが終わってしまった」といったことにもなりかねません。市場のニーズをキャッチして、すぐに販売するためにも、配送も迅速に行ってくれるところを選ぶ必要があります。

●**検品の質**

日本に到着した商品に不具合があった、届いた商品と写真が全く違った、などというケースもよくあります。返品・交換が可能な場合もあるのですが、そうだとしても交換するには時間も国際送料も余分にかかるので、返品はほぼ不可能と思っておいた方が良いでしょう。

でも、中国国内で代行会社にしっかりと検品してもらえれば、不具合のリスクを低くできるので安心です。

●**サポートの充実性**

梱包の移し替え、写真撮影などのサービスがあれば、サービスが行き届いている代行会社だと言えるでしょう。

以上、これら5つのポイントを見極めるためには、実際にサービスを使ってみるのがベストです。まずは、テスト的な意味も含めて安価なところを選ぶようにしてください。

サービスの質は、代行会社によって差があります。いろいろ試してみて、配送の速度や検品の質などのポイントを見ていき、最終的にはずっと使う代行会社を見つけていきます。あなたが納得のいくサービスを提供している代行会社を見つけましょう。

なお、まだどこも利用したことがない初心者の方は、すでに活用している人が使っている代行会社を選ぶのがおすすめです。ちなみに、著者がよく利用しているのは、料金プランが安くて初心者でも使いやすい「ライトダンス」です。

代行会社の利用料（相場）について

代行会社を利用すると、代行手数料、為替手数料、国際送料の3点が必ずかかります。ですので、それぞれのコストについての目安を見ていきましょう。

代行手数料

代行手数料は、「買い付けや検品、発送などの仕入れにかかる作業代」として、代行会社に支払う料金です。相場は、商品代金の5～10％程度です。

為替手数料

代行会社を通して仕入れを行う際、実際の為替レート＋1円ほどが上乗せされます。代行会社によって差はありますが、＋1円が目安です。為替は日々変動しているものなので、レートが動いて代行会社が損をしてしまわないよう、リスク回避のために上乗せされています。

国際送料

国際送料は、代行会社によって値段が大きく変わるので注意したいポイントです。多くの代行会社は、手数料は安いけれど発送料は高くなっています。国際送料の目安は、1kgあたり25元～40元ほどで推移しています（20kg以上買い付けた場合）。その時の為替レートによりますが、日本円では大体500～800円程度です。

ちなみに、代行会社を活用して中国から仕入れる場合、基本的に20kg以上でないと送料は安くなりません。だから、なるべく20kg以上で買い付けるようにしてください。

おすすめ代行会社「ライトダンス」の利用料

著者がおすすめする代行会社である、「ライトダンス」のケースを見てみましょう。

代行手数料

初めてライトダンスを使う場合は、どんな量を仕入れても代行手数料は0円です。2回目以降の利用では、商品代金が20万円未満なら5%、20万円以上なら3%です。20万円未満の代行手数料が5%というのは、他社と比べてかなり安いと言えます。例えば、1個20元の商品を仕入れるとしたら、日本円にして400円程度です。その商品の5%、つまりたった20円で代行してくれます。

為替手数料

為替手数料は、ほとんどの他社と同じく＋１円です。

国際送料

ライトダンスは国際送料もかなり安くなっています。20ｋg以上の買い付けの場合、１ｋg当たり25～40元が相場ですが、ライトダンスなら１ｋg当たり18元と格安です。

なお、どの代行会社も基本的には20ｋg以上買い付けをしないと、国際送料は安くなりませんが、ライトダンスは１１６ｋg～20ｋgなら一律４００元になります。（１ｋg当たり20元～25元）

「ライトダンス」の使い方

それでは、ライトダンスで実際に仕入れをしてみましょう。まずは、トップページから会員登録をします。

ライトダンス　トップページ

http://www.sale-always.com/index.php

会員登録の方法

ライトダンスの会員登録は無料です。トップページの「会員登録」ボタンを押すと、登録画面に飛べます。

STEP1：登録情報をすべて入力します。そして「確認画面へ」を押し、入力した登録情報の確認をします。

図4-2-1 ライトダンスの会員登録をする

図4-2-2 登録情報を入力する

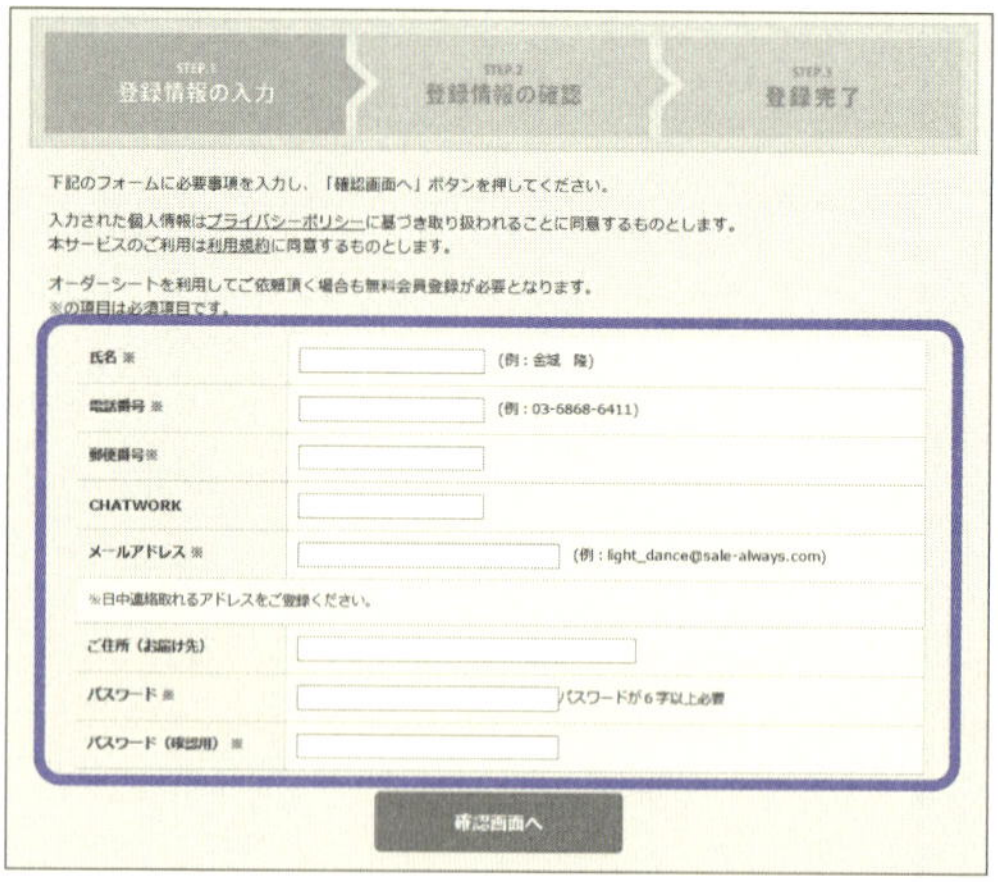

STEP2：登録情報に間違いがなければ、もう一度「確認画面へ」を押します。

STEP3：登録画面で入力したメールアドレス宛に、本登録を行うURLが送信されます。

STEP4：ライトダンスからのメールを確認し、URLをクリック。これで、本登録が完了です。

図4-2-3 登録情報を確認する

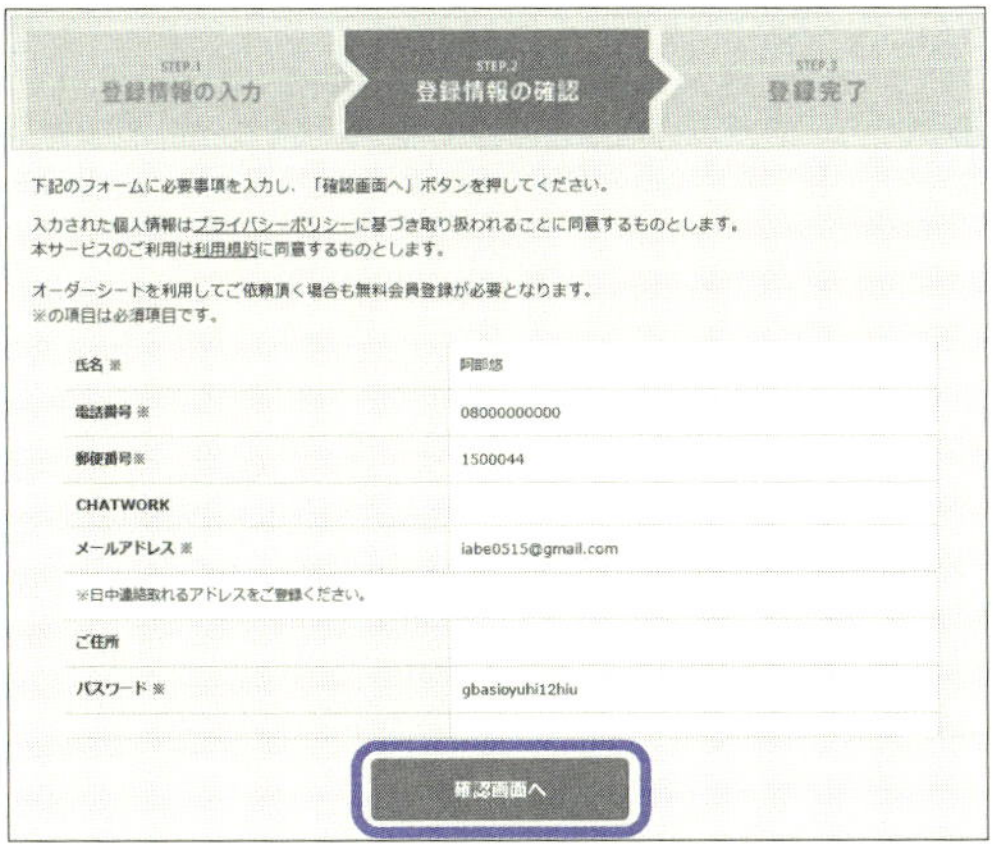

図4-2-4 登録したメールアドレスに、ライトダンスからメールが届く

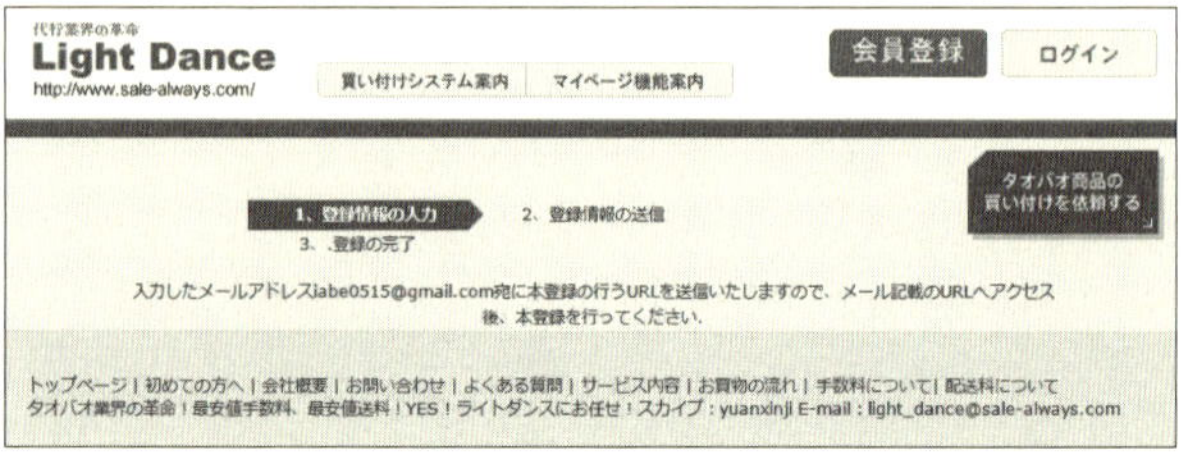

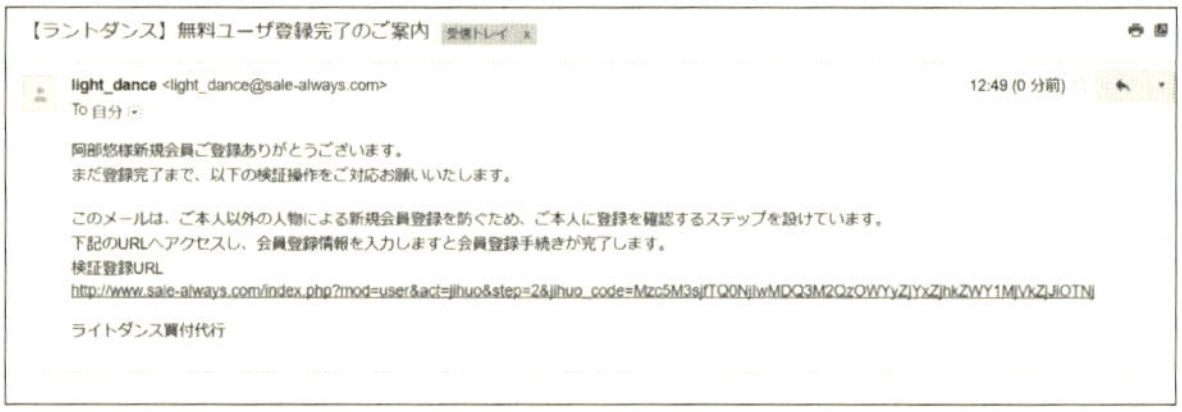

以上、登録が完了したらマイページにログインし、買い付けの依頼をします。具体的な手順は、次の通りです。

●買付依頼〜商品到着までの流れ

（1）新規会員登録（無料）

⬇

（2）「買付システム」を利用して、オーダーを提出する

⬇

（3）在庫の確認後に、ライトダンスから請求書が送られてくる

⬇

（4）料金の支払い後、ライトダンスが商品の買い付けを行う（検品梱包）

⬇

（5）費用の不足分を清算する（国際送料が足りない場合は、再度請求があるので支払う）

⬅（6）商品が到着する（関税もしくはそれに付随する消費税がある場合、代引きで支払う）

支払方法は、クレジットカードと銀行振込です。クレジットカードを使うと手数料が大きく上乗せされてしまうので、銀行振込の方が良いでしょう。

なお、より詳しい使用法を知りたい方に向けて、無料特典として「ライトダンスの使い方」を動画でご用意しました。次のURLへアクセスし、パスワードを入力してダウンロードしてみてください。

http://a-be.biz/china-import/http://a-be.biz/china-import/
PASS：china0515

4-3 絶対に損をしない「仕入れ」とは

仕入れで損をしないために

法律や代行会社選び以外にも、「仕入れ」について知っておかないと色々と損をすることになります。

送料がお得になるよう、重さに気を付ける

4-2でも説明しましたが、1回の仕入れは20kg以上にするのがおすすめです。なぜなら、少量だと国際送料が割高になってしまうからです。だから仕入れる際には、商品の重さに注意して、送料を少しでも安く抑えるようにしてください。

ただし、代行会社の中でも「ライトダンス」を使えば、16kg以上でも他の代行会社の相場よりは安く仕入れることができます。

最初の仕入れは「多品種少量」で

慣れないうちは「多品種少量」の仕入れを心がけてください。リサーチして売れそうな商品を仕入れたとはいえ、最初から「どの商品がどれくらい売れるか」は未知ですよね。そのため、色々な商品を少しずつ扱うのです。

例えば、スマホケース、バッグ、アクセサリーなど、何種類かの商品をそろえます。1種類5個くらいまでにするといいでしょう。過剰在庫になるリスクも避けることができます。

そして、まだまだ売れそうな商品と種類を絞り込むことができたら、以降は数を多めに仕入れる。これが、損をしないためのコツです。

季節商品は早めに仕入れる

3-5でも話しましたが、季節商品というのは、需要が高い時期には爆発的に売上がアップします。しかし、輸送の時間を考えると、仕入れのタイミングがかなり重要です。

例えば、夏物の服をピーク時、一番売れる時期に仕入れるのでは遅いです。夏物を扱う場合は、5月下旬頃から売れるようになってきます。そして、7月後半でピークなり、以降ライバルがセール等で在庫処分をし始め、価格がかなり下がってきます。そして9月に入るとさらに需要は落ち、かなり売れにくくなります。

つまり、一番売れる時期に仕入れを始めても、値段が下がっているうえ売れなくなっているのです。目安としては、売れるピーク時期の3ヶ月前には、リサーチなどの準備を始めましょう。そしてピークの2ヶ月前には、仕入れを完了しておくのが理想です。

タイミングと量に気を付けて仕入れる

代行会社へ商品の買い付けを依頼すると、商品が日本に到着するまでに約10日〜2週間くらいかかります。そのため、どんな商品を発注するときも、商品到着までに余裕を持って注文しましょう。

なお、仕入れるタイミングと量の目安は、次の通りです。

①テスト仕入れということで、とりあえず5個まで仕入れてみる
②売れるとわかったら、2ヶ月間で売り切れそうな量を仕入れる
③1ヶ月で売り切れそうな在庫量になったら、再仕入れを行う。このとき、さらに1ヶ月分で売り切れる量を予測し直して仕入れる

このように、在庫の量が1ヶ月で売り切れる量を下回りそうになったタイミングで、その都度再仕入れを行えば、次の商品到着の前に品切れをおこしてしまう

のを防ぐことができます。

仕入れる際の注意点

・初回仕入れは1種類5個までにしているか
・重さは国際送料が安くなる十分な量（16kg以上）になっているか
・季節商品は3ヶ月前から準備しているか
・在庫切れが起きないように在庫数を確保しているか

送料が安くなる、商品の個数とは

商品の種類についてはひとまず置いておいて、1回当たりに仕入れてくる個数として送料が安くなるのは何個くらいなのか、計算してみましょう。

例題 **仕入れの個数**

Q1
1個当たり150gと仮定します。20kg以上の送料で仕入れたい場合、何個の商品を仕入れれば良いでしょうか?

A1
送料が安くなる目安の20kg以上を仕入れるには、134個以上を仕入れる。
20000÷150≒133.3…

Q2
1個当たり150gと仮定します。10.5kg以上の送料で仕入れたい場合、何個の商品を仕入れれば良いでしょうか?
また、テスト仕入れだとすると、何種類の商品をリサーチで見つけてくれば良いでしょうか?

A2 10・5kg以上だと70個。つまり、1種類5個買い付けるとしたら、14種類の商品をリサーチで見つければいい。
10500÷150＝70

商品情報に商品の重さが記載されているので、仕入れたい商品を見つけたら重さを確認しましょう。例えば、だいたい150gの重さで、商品情報に商品の重さが記載されています。ちなみに、150gという重さなのですが、iPhone7などのスマートフォンをイメージしてもらえれば良いと思います。

容積重量とは

代行会社に買い付けを依頼すると、重さから見積もりを出してもらうことができます。ただし、軽いけれどかさばるものについては、重さではなく「容積重量」をもとに送料が決まることがあります。貨物を輸送する乗り物には、積み込める重量と容積に制限があるからです。

例えば、こんなトラックがあったとしましょう。

- 重量制限　：合計1000kg
- 荷台の広さ：（縦）1m×（横）1m×（高さ）1mの箱を最大100個のせられる

箱1つ当たり1kgだった場合であれば、「（縦）1m×（横）1m×（高さ）1m」の箱を100個いっぱいに載せても、重さは「1kg×100＝100kg」です。

トラックが最大で運べる重さの、たった十分の一しか積んでいませんが、容積がいっぱいなので、これ以上は積めません。

箱が軽くてもかさばる物の場合だと、重量には余裕があるけれど荷物を載せるスペースがなくなるという可能性があるのです。

このように、配送会社にとって効率の悪い状況が想定される場合に対応するため、「容積重量」という制限を設けています。

容積重量の計算方法

容積重量の計算の仕方は、代行会社そして配送方法によって異なるので、注意が必要です。「ライトダンス」の場合は、次の計算式で算出することができます。

・OCS料金
容積重量（kg）＝縦（cm）×横（cm）×高さ（cm）÷6000（kg/cm^3）

・EMS航空便料金
容積重量（kg）＝縦（cm）×横（cm）×高さ（cm）÷8000（kg/cm^3）

例題：容積重量を計算した上での送料

例えば、次のような段ボールをEMS航空便で配送する場合の送料を考えてみましょう。

重量：16kg
体積：68cm×52cm×42cm

この場合、容積重量は次のように計算できます。

容積重量：68ｃｍ×52ｃｍ×42ｃｍ÷8000＝約18・5ｋg

重量と容積重量を比べて、重い方の料金が適用されます。今回ですと、「(重量) 16kg＜(容積重量) 18・5kg」なので、18・5kgの重量が適用されます。そして図4-3-1を見ると、送料は409(人民元) ということがわかりますよね。

容積重量のことを知らずに、重さだけで送料を計算して仕入れてしまうと、知らないうちに赤字になってしまうことがあります。容積重量を見落としてしまう人も多いので、ミスをしないように注意してください。

図4-3-1 ライトダンス　航空便・OCSの料金表

重量(kg)	金額（人民元 RMB）	重量(kg)	金額（人民元 RMB）
0.5kg	75	10.5kg	375
1.0kg	90	11.0kg	400
1.5kg	105	11.5kg	400
2.0kg	120	12.0kg	420
2.5kg	135	12.5kg	420
3.0kg	150	13.0kg	450
3.5kg	165	13.5kg	450
4.0kg	180	14.0kg	480
4.5kg	195	14.5kg	480
5.0kg	210	15.0kg	510
5.5kg	225	15.5kg	510

重量が大きいほど送料が安くなります。また、21kg以下ではEMS航空便の方が安くなるので、ライトダンスのほうで自動的にそちらで送られるようになります（詳しくは、ライトダンスのホームページをご覧ください）。

第5章

メルカリ特有の「販売のコツ」を押さえておこう

5-1

転売を成功させる出品と販売のコツ

メルカリ転売の手順

代行会社を使って商品を仕入れたら、いよいよメルカリへの出品と販売です。まずは、おさらいとして図5-1-1をご覧ください。リサーチから取引完了まで、取引の一連の流れです。

では、「販売」から先の作業について、要点を説明していきますね。

図5-1-1 メルカリ転売するための手順

リサーチ
- メルカリで売れている人気商品を、中国の仕入サイト（アリババ、タオパオ、アリエクスプレス）で探す

仕入
- リサーチで調べた人気商品の買付を会社に依頼する。すると、代行会社が日本まで発送してくれる

販売
- 商品の写真を用意し、メルカリに出品する
- 適切な配送方法を選択する

梱包
- 商品が売れたら、お客さんとコメントのやり取りをする
- お礼の言葉を書いたカードを入れる

発送
- 発送が完了したら、取引ページの発送通知ボタンを押す
- 商品到着の通知後、相手評価を行う

① 商品の写真を用意する

メルカリでの出品に欠かせないのが商品写真です。お客さんの目に最初にとまりやすい写真を用意します。そうはいっても、本格的な撮影機材を揃えて、業者が撮ったような綺麗な写真を撮る必要はありません。スマートフォンでも、簡単にかなり見栄えの良い写真に撮影することもできます。

メルカリでは、一般の人が出品している家の不要品などの商品写真が多く並んでいます。その中に白背景でばりばりプロが撮ったような写真が混ざっていると、ビジネスで売っている印象をお客さんに与えてしまいます。そうすると、お客さんが抵抗感を持ってしまい、買われにくくなってしまう傾向があるのです。

あくまでも「個人が綺麗に撮った写真」というイメージで、自然な雰囲気を出しましょう。撮り方のコツは、5-2で詳しく解説します。

②商品情報を入力する

より多くの人に自分の商品ページを見てもらうためには、商品名と説明文には検索されやすいキーワードを入れることが必要です。やみくもに商品を閲覧しているお客さんよりも、気になる商品に関連するキーワードを検索して探すお客さんの方が購入意欲は高いと言えます。だから、指定されそうなキーワードを入れておくと良いでしょう。

「○時間限定」「値下げ」などの、思わず買いたくなるキーワードを入れるのも1つの手ですね。売れるタイトル、商品説明の書き方についても5-2で詳しく説明します。

③売れやすい時間帯に出品する

メルカリにはアクセスが集中しやすい時間帯があります。多くの人がスマートフォンをいじっている可能性が高い時間です。ユーザーがスマートフォンを見ているシチュエーションを思い浮かべてみると、例えば朝・夕の通勤通学の電車やバスの中、夜に家でくつろいでいる時などですよね。具体的な時間帯は、例えばサラリーマンや学生なら「6～9時」や「18～25時」でしょうか。

一方、主婦に売れやすいのは「10～15時」くらいです。主婦にとってこの時間は、家事がひと段落して子どもが学校から帰ってくるまでの1人の時間です。小さなお子さん向け商品については、同じ時間帯の平日が良いでしょう。幼稚園や保育園は休日が休みであるケースが多く、お母さんに時間のゆとりがある平日のほうが売れやすい傾向にあります。

このように、扱う商品の購入層が「どんな人たちなのか」「どんな生活スタイルを送っているのか」を考えると、売れやすい時間がわかるのです。

④コメントに対応する

出品してすぐに売れる場合もありますが、メルカリでは多くの人が、気になった商品に対してコメントを付けます。だから、お客さんがくれたコメントに対して丁寧にすぐ対応することで、商品購入の可能性は高まります。

⑤購入後、取引メッセージを送る

商品が売れたら、メルカリから「商品が購入されました」と通知が届きます。続いて、購入者とメッセージのやり取りをしていきましょう。

図5-1-2をご覧ください。このページから、お客さんに購入のお礼メッセージ

を送ります。なるべく早い方が良いでしょう。お礼と一緒に、「いつお届けできるか」「これからの流れ」の2点もお知らせすると好印象です。

お礼文の例

> この度はご購入ありがとうございます!早速、商品を郵送する準備に取り掛かりますね。1週間ほどでそちらへお届けいたしますので、よろしくお願いいたします。万が一、発送が遅れそうな場合には、ご連絡いたします。

図5-1-2 取引画面ページ

メルカリのトップ画面上のアイコンのチェックマークを押すと、「やることリスト」が出てきます。その中に『○○さんが「商品名」を購入しました。内容を確認の上、発送をお願いします。』という表示があるので、その表示を押すと取引画面ページへと移ります。

⑥商品を梱包して発送する

購入されたら、商品を梱包して発送します。発送が完了したら、取引ページにある「発送通知ボタン」も押しましょう。これで、商品が発送されたお知らせがお客さんに届きます。梱包と発送の具体的な方法については、5-4で詳しく説明します。

⑦受け取り連絡が届いたら評価する

商品がお客さんのもとに商品が届いたことは、「商品が届きました」という受け取り通知で知ることができます。最後に、出品者と購入者はお互いに評価をつけます。評価が終われば、取引が完了します。

お互いに相手の評価をつけなければ、売り上げが反映されないため、忘れずに評価しましょう。「良い」評価を増やすことで、はじめてのお客さんからの信頼も得やすくなります。

また、こちらからはよほどのことがない限り、評価は「良い」にしておくのが無難です。

時間帯、写真にこだわる理由

メルカリのホーム画面は、出品した商品が並んで表示されるタイムライン形式になっています。Facebookのようなものですね。最新の商品は、ホーム画面の1番上、つまりお客さんがメルカリのアプリを開いたとき真っ先に目に入る場所へ表示されます。自分のアカウントの評価数や、出品した商品数によらず、すべて新着商品が上位表示されるのです。

この仕組みがあるおかげで、実績がなくても、出品するだけでメルカリを偶然開いた人が、商品を見て買ってくれる可能性があるのです。

逆に、出品して時間が経ってしまった商品はというと、徐々に下に流れていってしまいます。つまり、出品時間が古くなると、なかなか見られなくなってしまうのです。なるべく多くの人が見る時間に、買われやすい写真で表示したいものですね。

ちなみに、商品ページに「いいね」が複数つくと、時間が経っていても上位に再掲載されるケースもあります。

出品するための具体的な手順

メルカリアプリで出品を行う際の、具体的な手順も説明しておきます。メルカリの出品方法はとてもシンプルで、テレビCMでも言っているように、出品までの所要時間は3分ほどです。

手順1

まずは、ホーム画面の右下にある「出品」のカメラボタンを押します（図5―1―3）。

手順2

次に写真画像を選択します。画像は4枚まで選択できます。図5―1―4をご覧ください。1番左の写真が商品トップ画像となります。ここに、もっとも良い写真を配置しましょう。商品のイメージを伝えるために、写真は4枚すべて載せることをおすすめします。

図5-1-3 「出品」のカメラボタンからスタート

手順3

商品名と商品説明文を入力します。商品名は40文字、商品説明文は1000文字まで入力できます。検索されやすいキーワードを入れましょう。漢字、カタカナ、ひらがなは検索で区別されてしまいます。検索されやすいものを選んでください。

図5-1-4 写真の選択／商品名・商品説明の入力

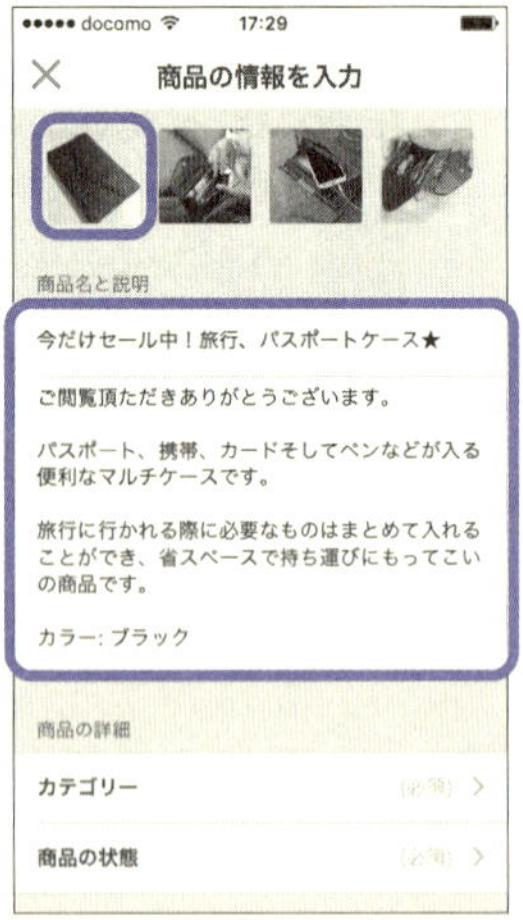

手順4

商品の詳細を設定します。次に、出品する商品が該当するカテゴリーを選びます。

商品の状態は5段階からの選択となります。状態は、後々クレームにならないよう、商品を客観的に見て選んでください。状態を正直に書くことが、余計なトラブルの回避につながります。

商品の状態

- 新品、未使用
- 未使用に近い
- 目立った傷や汚れなし
- やや傷や汚れあり
- 全体的に状態が悪い

手順5

配送料などを設定します。送料の負担について、送料込み（出品者負担）または着払い（購入者負担）の2択が用意されています。特別な理由がない限り、「送料込み

（出品者負担）」に設定したほうが売れやすいです。送料に関する質問に答える手間を減らすことができるのもメリットです（図5－1－5）。

手順6

販売価格を決めて出品します。販売価格から、販売手数料10％を引いた金額が手元に入ることを考えて、値段設定をしましょう。すべての入力を終えたら、「出品する」ボタンを押せば、出品作業は完了です（図5－1－6）。

図5-1-5 「商品の詳細」と「配送について」を設定

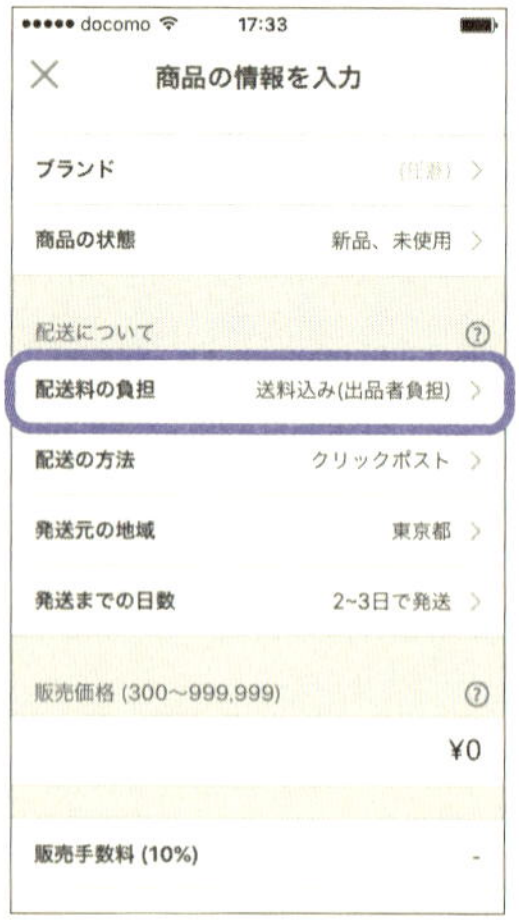

図5-1-6 販売価格を決め、出品する

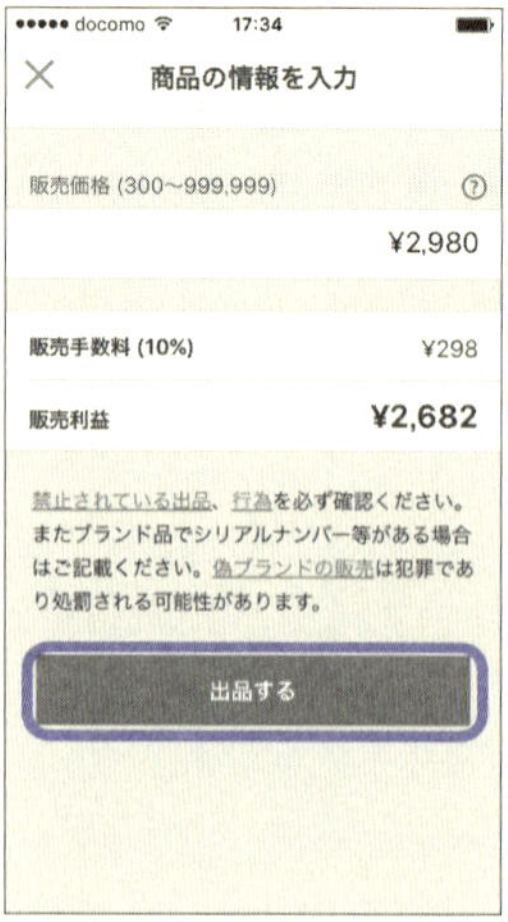

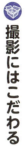

5-2 確実に売るためのポイントは？

撮影にはこだわる

商品を売れやすくするために最も工夫してほしいポイントは、「写真」です。店舗で服を買うとき、多くの人はまずパッと見て気になるものを手に取りますよね。素材の情報などは、後からチェックするのが一般的ではないでしょうか。それと同じく、メルカリで買い物をするときも、お客さんがまず見るのは商品の見た目、すなわち写真なのです。

出品する商品の写真は、スマートフォンで撮影したもので十分です。とはいえ、なるべくきれいに撮るためのコツを押さえることで、売上アップにつながります。商品を魅力的に撮るコツはたくさんありますが、今回はその中でも、準備物が少なく、手軽に取り組める3つのコツをご紹介します。

コツ1 光を工夫する

きれいな写真を撮るポイントの1つ目は、「光」の当て方です。特別な準備はいりません。というのも、素人が美しく撮るのにもっとも適しているのが「太陽光」だからです。太陽の光なら、自然な色味を伝えることができます。

夕方になると光が赤みを持ち

図5-2-1 逆光と順行（光が入る側から撮影）の違い

始めるので、午前中の撮影がベストです。また、逆光にならないように注意してください。逆光というのは、光が入ってくる方向に向かって写真を撮ることです。そうすると、カメラが明るすぎると判断し、自動的に暗く写すようになり写真がパッとしません（図5-2-1）。

コツ2 画像フィルターを使う

画像フィルターを使って、鮮やかできれいな写真に加工しましょう。iPhoneを使っている方は、アプリを使わず標準カメラでも簡単なフィルターが用意されています。ちなみに、筆者おすすめのフィルターは「クローム」です。クロームのフィルターを使って加工をすると、図5-2-2のように雰囲気が大きく変わります。

コツ3 背景を演出する

さらに写真にこだわりたいという人は、背景の演出がおすすめです。背景が真っ白の写真は、シンプルで良いのですが、すこし寂しいような物足りない印象を与えてしまいます。

商品のイメージにあった背景をセッティングすると、印象ががらりと変わります。例えば図5-2-3のように、少しの違いで印象がアップします。特別、小物を準備しなくても、木目調のデスクを使ったり、温かみのある色が写るようにするだけで、

図5-2-2 クロームで写真加工をする（before／after）

左が加工前、右が加工後。クロームにすると鮮やかになり綺麗に見えます。

写真の雰囲気が明るくオシャレになります。プロっぽさを意識する必要はありません。

なお、画像の中に「送料無料」「セール中」などの文字入れをするのも、お客さんの目をひくのでおすすめです。

図5-2-3 背景で異なる写真の印象（before／after）

左は白背景、右は木目調のテーブルにて撮影。右側の写真のほうが商品が映え、オシャレに見えます。

撮影代行会社を使うのもあり

「撮影するのが面倒！」という人は、業者に任せる方法もあります。筆者のおすすめは、「バーチャルイン」という撮影サービスを提供している会社です。

1商品当たり5カット1000円と、リーズナブルな値段で写真を撮ってくれます（1カット300円～）。白い無地の背景だけではなく、モデルさんの活用や小物などを使用したクオリティーの高い撮影も行っています。

株式会社バーチャルイン

http://www.photo-o.com/http://www.photo-o.com/
http://www.photo-o.com/

タイトルと商品説明文にこだわる

メルカリのアプリを開くと、トップページに並んでいるのは商品写真と値段だけです。それで興味を持ってもらえれば、次に気になるのが商品タイトルや説明文といった補足的な要素。ここにも工夫を施すことで、さらに売れやすくなります。

タイトルに盛り込みたい、魅力的なワード例

・処分大特価　・期間限定セール
・新品　・早い者勝ち！
・即日発送　・今年流行　など

また、メルカリはキーワード検索された場合、タイトルだけでなく商品説明文のテキストも検索してくれます。だから、説明文にもこだわりたいところです。ただ

し、キーワードを羅列するだけの説明文は、メルカリの利用規約で禁止されていま
す。うまくキーワードを、文書の所々に盛り込みましょう。

ちなみに、メルカリでの検索の場合、漢字、カタカナ、ひらがなが区別されます。カタカナ表記だけでなくひらがなでも書いておくなど配慮して、うまくキーワードを盛り込みましょう。

初心者の方には、売れている商品の説明文を真似することからおすすめします。メルカリでは、説明文を１０００文字まで入力することができますが、この文字量をいきなりゼロから考えるのはなかなか難しいことです。だからと言って、商品の説明がやけに少ないと「本当にきちんと取引をしてくれるのだろうか」と不安を感じさせてしまうかもしれません。同じ商品を売っている出品者がいた場合、一言二言の簡素な説明文にしている人よりも、しっかりと説明を書いてくれている人のほうが丁寧そうな印象を受けませんか？

まずは、売れている商品の説明文を真似してみましょう。

とはいえ、まるごと同じ文章を使うのはマナー違反です。どんなふうに商品を説明しているのかを参考にして、似たような説明文を作ってみましょう。そして、作成した説明分の型をテンプレートにし、他の商品に応用するとさらに効率化をしていくことができます。

商品説明文を考えるときの流れ

同じような商品を出品している人の商品説明をベースにする

↓

検索されやすいキーワードを盛り込むなど、自分用に修正する

↓

作成した文章はテンプレートにし、他の商品でも調整して使いまわす

5-3

もっと売上を伸ばすための、＋αの工夫

コミュニケーションが明暗を分ける

ここからは、メルカリでさらに売上をアップさせるためのテクニックをご紹介します。改めて言いますが、転売ビジネスは再現性が高いことで知られています。転売は「正しいノウハウ」さえあれば、どんな人でも結果を出しやすい稼ぎ方なのです。一方で、それはライバルが増えやすいということを意味しています。

ライバルに差をつけ利益をのばすカギとなるのは、誰でもできる作業以外の部分。それは、ずばり「コミュニケーション」です。実は、メルカリは物販ビジネスの中で唯一「お客さんとのコミュニケーションで、利益を大幅に増やすことができる市場」

なのです。特に、コメントのやりとりは売上アップの大きなチャンスだと捉えてください。

コメント活用でライバルに差をつける

メルカリには、気軽に質問ができるコメント欄があり、他のお客さんと出品者のやりとりもそこで簡単に確認することができます。

一方で、例えばAmazonで気になる商品を見つけたとしても、問い合わせ方法がとてもわかりづらいのです。他の人の質問を閲覧することもできません。そのハードルを越えてまで、質問して購入しようとするという人は少数派です。

街でお買い物をするとき、ウィンドウショッピングでは買わなかったけれど、お店の店員さんに「似合いますね」と言われて、思わず洋服を買ってしまったという経験をお持ちの方も多いのではないでしょうか。メルカリでのショッピングは、店員さんがいるお店で買い物する感覚に似ています。出品者とお客さんの距離が近いメルカリの特徴を活かせば、他の物販ビジネスで使うプラットフォームよりも、売上を伸ばすことができるのです。

コメントのやりとりを少なくするには、商品の説明文に「コメント不要」などのフレーズを書くと良いでしょう。しかし、一見効率的に見えますが、実はもったいないことなのです。ぜひ、コメントを活用して、売上をアップさせてください。

好印象なコメントとは

どんなお客さんにもコメントで好印象を与える方法、それは、コメントの冒頭で感謝を示してから、お客さんの質問に回答をすることです。「ちょっと明るい店員さん」のような雰囲気で返信すると良いでしょう。

一言だけの返信は楽かもしれませんが、お客さんからするとぶっきらぼうに感じてイメージが悪くなってしまうこともあります。お客さんの目線に立って、とにかく「丁寧な受け答え」を徹底しましょう。

それでは、お客さんからよくいただく4つのパターンに沿って、売上アップにつながるコメントへの返信例をご紹介します。

よくあるコメントと良い対応例

購入確認のコメントに対して

Q：購入してもよろしいでしょうか？

A：コメントありがとうございます。はい！このままご購入ください。

Q：在庫はありますか？

A：コメントありがとうございます。はい、ございます。このまま購入手続きを進めてださい。

このようなコメントがきた場合、在庫があるかどうかをまず確認するようにしてください。迅速な対応を心がけるのがポイントです。

値下げ交渉に対して　その1

Ⓠ：値下げしてもらえませんか？

Ⓐ：コメントありがとうございます。最安値で出しているため、すでにかなりお買い得価格となっています。複数購入してくださる方にはさらに割引しているのですが、いかがでしょうか？

フリマアプリには「値下げ交渉」の文化が根付いているので、このようなコメントもよく来ます。値下げ交渉の際に、1番気をつけてほしいのは公平性。同じ商品をくり返し販売していくにあたって、1度値段を下げてしまうと、それ以降も同じように値下げをしなければ売れなくなる可能性があります。

取引完了後も、商品を売っていたページは誰でも自由に見ることができます。商品ページ自体の削除は一定期間できず、価格やコメントの履歴がしっかり残るので、要注意です。

基本的には、値下げしなくても売れるので、なるべくそのままの値段で売りましょう。「お買い得なので（すぐに他の人に買われてしまうよ）」とさりげなくアピールすると良いです。ただ単に値下げを断るのではなく、お客さんの要望をやんわりとかわして、「複数購入なら割引しますよ」などの提案するようにしてください。

値下げ交渉に対して その2

Q：○○（Amazonなど）でもっと安い商品を見つけたのですが。

このような場合は、答えずに、コメント自体を削除または商品ページを削除しましょう。このようなコメントをする人は、そもそも商品を買う気がほとんどありません。また、値段を下げてしまうと、利益が取れなくなります。わざわざ時間を使って対応しても、意味がありません。

一度の取引額をアップさせる交渉テクニック

ここから先は、一度の取引における利益を倍増させる交渉テクニックをご紹介します。交渉といっても、戦略はとてもシンプルなもの。それは、「メルカリのコメント機能をフル活用して複数購入してもらう」という戦略です。こちらからお客さんへ複数の商品を提案して、売上を伸ばしましょう。

押し売りで「買ってください！」と言っても、お客さんは嫌な気持ちになってしまい、逆に商品を買ってくれなくなります。では、どのように提案すれば、お客さんは商品を「欲しい」と感じて、買ってくれるのでしょうか？

提案のコツは、お客さんにメリットがある形で提示すること。これに尽きます。相手の目線に立ち、「あなたの味方ですよ」という気持ちで親身になって提案をするのです。具体的な行動イメージでいうと、ショップの店員さんのように「コーディネート」を提案していきます。

例えばメンズ商品なら、次のような言葉を添えることでお客さんにとってのメリットを訴求することができます。

お客さんがメリットを感じる提案

- 「これは、今、女性ウケが良いんですよ」
  相手にとって、わかりやすいメリットを提示する。
- 「○○と合わせるのが今年の流行スタイルです」
  トレンド情報を伝えながら、流行りのアイテムを提案する。

・「夏は、これ1枚着るだけできまりますよ！」
手軽さをアピールする。

・「色違いで2枚いかがでしょうか？2色揃えておくと、着回しのバリエーションが広がります」
便利さをアピールする。

・「写真のモデルさんのような着方もカッコいいと思います。おすすめですよ♪」
気の利いた一言を添える。この言葉は、商品の購入自体を悩んでいる人にも有効。

合わせ買いの提案は、稼ぎやすいだけでなく、他の出品者とかぶらないオリジナルの組み合わせで販売すれば、独占的な商品販売が簡単にできます。また、売れない在庫を処分するときに、人気商品とまとめてセットにして売るのもおすすめです。

コーディネートや合わせ買い購入の提案をすると、だいたい20％くらいの人たちが複数購入してくれます。つまり、1・2倍です。筆者がコンサルしている教え子の中には、1人のお客さんが1度の取引で8点も購入してくれたケースもあります。

「営業が苦手」という心理をなくす

ある程度慣れるまでは、提案することに対して心理的なハードルがあるという人もいるでしょう。でも、商品を売ることは悪ではありません。こちらから提案をすることは、「こういう商品があったんだ！」「こんなコーディネートの仕方、いいな」とお客さんが喜んでくれることなのです。

それに、1回の提案でお客さんの満足度があがり、自分の利益も上がるなら、双方にとって嬉しいことですよね。

提案の言葉を考えるのが苦手な人は、仕入れ先のショップの情報を参考にしましょう。商品ページやメルマガなどで、おすすめコーディネートや商品のイチオシポイントを公開しているはずなので、参考にしてみてください。

ぜひ、楽しみながらコーディネートやペア商品の提案をし、ライバルに差をつけて売上を倍増させてくださいね。

5-4 商品が売れた後は？梱包と配送のポイント

商品が売れた後にすること

商品が売れると、メルカリから「商品が購入されました」という通知が届きます。そして、図5-4-1のような画面が出てきます。まずは、お客さんへお礼のメッセージを送りましょう。最初のメッセージを素早く送ることで、第一印象を良くし、気持ち良く取引を進めることができます。

メルカリのトップ画面の右上にあるベルマーク（あなたへのお知らせ）を押すと、「○○さんが『商品名』を購入しました。内容を確認の上、発送をお願いします。」という表示が出ます。その表示を押すと、取引画面ページへ移ります。

図5-4-1 取引画面ページ

メルカリのトップ画面の上のアイコンをチェックマークを押すと、「やることリスト」が出てきます。その中に『〇〇さんが「商品名」を購入しました。内容を確認の上、発送をお願いします。』という表示があるので、その表示を押すと取引画面のページへ移ります。

図5-4-2 取引画面ページ

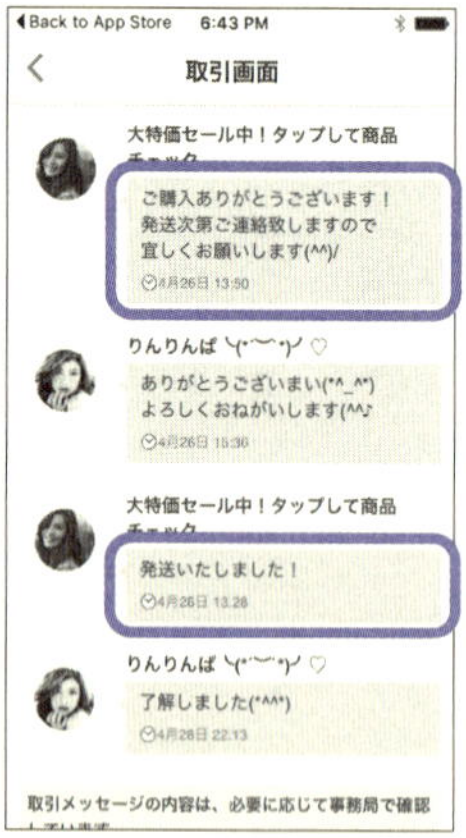

迅速丁寧なやりとりを意識しましょう。商品ページでのコメントのやりとりと違い、もう売上はほぼ確定しているので、ここでは「リピーターになってもらうために対応している」という気持ちで取り組んでください。

メッセージのやりとりは、迅速かつ丁寧に行いましょう。商品ページでのコメントとは違い、ここでやりとりする相手は、購入をすでに決めてくれているお客さんです。良い関係を築くことができれば、リピーターになってくれることもあります（図5－4－2）。

お礼のメッセージを送ったら、次は商品を梱包し発送していきます。この時、発送や到着の予定日の目安を一緒にお知らせすると丁寧です。発送したら、お問い合わせ番号もお伝えしておきましょう。お問い合わせ番号とは、商品1つずつに記載されている配送番号です。追跡サービス付きの配送サービスを利用すれば、ネットで商品の配送状況を確認することができます。

丁寧なやりとりをしておくことは、万が一のときのリスク回避にも繋がります。例えば、お客さんが商品を受け取ったとき、理想の商品イメージと多少違っても、よほどのことがない限りは大きなクレームになりません。

ここでもう1つ、印象アップのためにおすすめなのが、「サンキューカード」です。サンキューカードは、お礼の言葉を書いたカードのことを指します。商品と一緒に入れて送るだけの、至ってシンプルなものです。このようなちょっとした気遣いで、お客さんに喜んでもらえるものです。取引の評価があがりやすくなり、リピーターになる可能性も上がるでしょう。

サンキューカードは、１００均に売っているカードに一言書いたようなものでも構いません。感謝の気持ちが相手に伝わるものであれば、どんなものでも大丈夫です。

商品が売れた後のやり取りのポイント

・商品が売れたら、迅速にお客さんにメッセージを送る
・発送予定日や到着予定日、お問い合わせ番号をお客さんに知らせる
・サンキューカードを添える

梱包のために準備しておきたい8つの道具

では、発送の準備をしていきましょう。商品の梱包をしない人も多いのですが、必ず行ってください。その理由は、2つあります。

理由その1 配送中に商品が壊れるのを防ぐため

電子機器や割れやすい製品を封筒にそのまま入れて発送すると、配達員の方が商品を落としたりぶつけたりして、配送中に壊れてしまうことがあります。もちろん、お客さんからはクレームがきてしまいますよね。その場合、送料が無駄になるだけでなく、売上金も入らないので赤字になってしまう可能性もあります。

このようなリスクを防ぐためにも、梱包はしっかりとしましょう。

理由その2 **お客さんに喜んでもらうため**

誰でも商品がぐちゃぐちゃな状態で届くより、きれいに梱包してある商品を受け取ったほうが気持ち良いものではないでしょうか。同じ商品でも、梱包のひと手間で受け取った時の印象が変わります。良い評価につながることもあります。

次に、梱包のために必要な8つの道具をご紹介します。

①クリスタルパック

商品を入れる袋として使うと、商品がとてもきれいに見えます。商品サイズにあったものを使うと、よりきれいに見え流でしょう。様々な大きさの商品を扱っている場合は、何種類かのサイズを用意しておいてください。

②緩衝材（ぷちぷち、エアパッキング）

通販などを利用すると、壊れやすいものは緩衝材いわゆる「ぷちぷち」に包まれて届けられますよね。配送中に商品が落とされたりしたときでも、衝撃を緩和してくれるマストアイテムです。

③ハサミ

緩衝材やテープ類などを切るために使います。

④セロハンテープ・ガムテープ

クリスタルパックや緩衝材を貼り付けるために必要です。

⑤封筒

商品を入れ、発送するために必要です。

⑥マジック

封筒に、相手や自分の住所と名前を書くために必要です。

⑦宛名ラベル

発送数が増えてくると、宛名（自分の発送元）を書くのが大変。そんな時は宛名ラベルに印刷して、シールで貼ることで効率化を図ることができます。

⑧プリンター

相手先の住所の印刷、宛名ラベルを活用する際など大いに役立ちます。5000円程度で買えますから、ぜひとも用意しておきましょう。

実際に梱包してみよう！

それでは、「梱包に必要な道具」を使って、実際に梱包してみましょう。今回は、トラベルウォレットを例に梱包方法を説明していきます。

作業1 クリスタルパックに入れる

クリスタルパックは、商品の大きさに合ったサイズを選ぶと、商品がよりきれいに見えます。テープ付きのクリスタルパックなら、簡単に封ができるので便利です。余った部分はセロハンテープでしっかり止め、商品の大きさに合わせてラッピングしましょう。クリスタルパックに入れるだけで光沢感が出るので、商品がとてもきれいに見えます（図5-4-3）。

図5-4-3 クリスタルパックの中に入れる

クリスタルパックに入れると見栄えがし、万が一、水に触れても商品が汚れなくて済むので、ぜひ活用してください！

作業2 ぷちぷちを巻く

今回の商品は壊れやすいものではないため、クリスタルパックに入れ、封筒に入れるくらいで大丈夫です。ただ、壊れやすいものは配送中に衝撃を受けても商品を守れるように、商品全体をぷちぷちでぐるぐる巻きにします。目安としては、巻いた後に指で押しても商品自体に触れないくらいの分厚さが良いでしょう。

巻き終わったら、ぷちぷちをハサミで切って、崩れないようにテープで留めます。ぷちぷちが余った部分は、そのままでは見た目が良くないので、折って両側をテープで留めておいてください。

作業3 封筒に宛名、宛先を記載する

お客さんの住所と名前を書くのはもちろん、封筒の裏に自分の住所と名前を書きましょう。もし相手先の住所に商品が届けられなかった場合、自分の元に商品が戻ってきます。

これで商品を封筒に入れて封をすれば、梱包は完了です（図5-4-4）。

図5-4-4 封筒に入れる

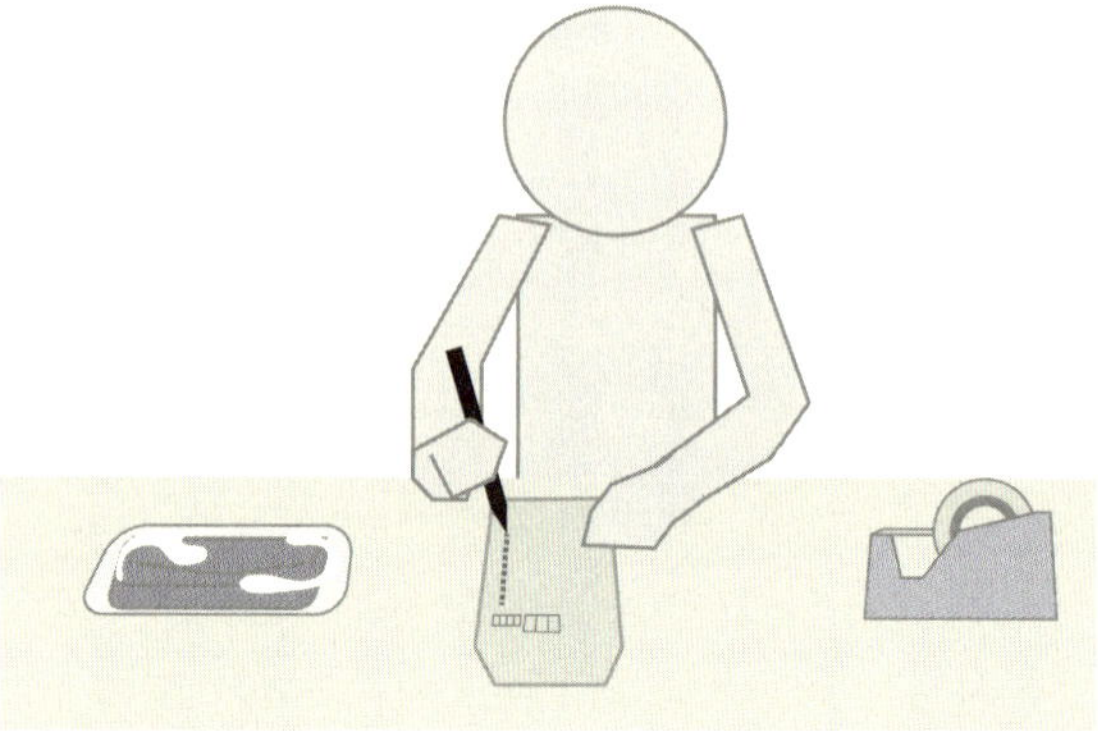

封筒に宛名、宛先を記載したら、あとは商品を封筒に入れるだけです。商品のサイズに合う封筒がベストですが、サイズが余るようなら、端を折って綺麗に梱包しましょう！

配送方法の選び方

商品を梱包したら、いよいよ発送します。メルカリでは、出品時に配送費の負担方法を選ぶことができます。出品者負担または購入者負担かの2択ですが、特別な理由がない限り、すべて「出品者負担」に設定してください。

なぜなら、購入者負担にすると、お客さんは送料がいくらかかるのか不安に思うからです。その結果、送料をたずねるコメントや、「送料込みになりませんか?」という交渉コメントがくることもあり、対応に手間もかかってしまいます。

筆者がおすすめする配送方法はは、「追跡番号(お問い合わせ番号)つき」の方法(図5-4-5)。この番号は、商品の居場所を特定するための番号です。番号で、現在の運送状況を調べることができます。また、万が一届かなかったとしても調査できるので、定形郵便などの番号がない場合よりも格段に紛失率が低くなります。

追跡番号、お問い合わせ番号がついている発送方法

- 郵便局のクリックポスト
- ゆうパック
- ヤマト宅急便
- ネコポス
- 宅急便コンパクト

発送の際に気をつけること

- 配送費の負担は、基本的に出品者負担にする
- 追跡番号がついている発送方法を選ぶ

図5-4-5 お問い合わせ番号

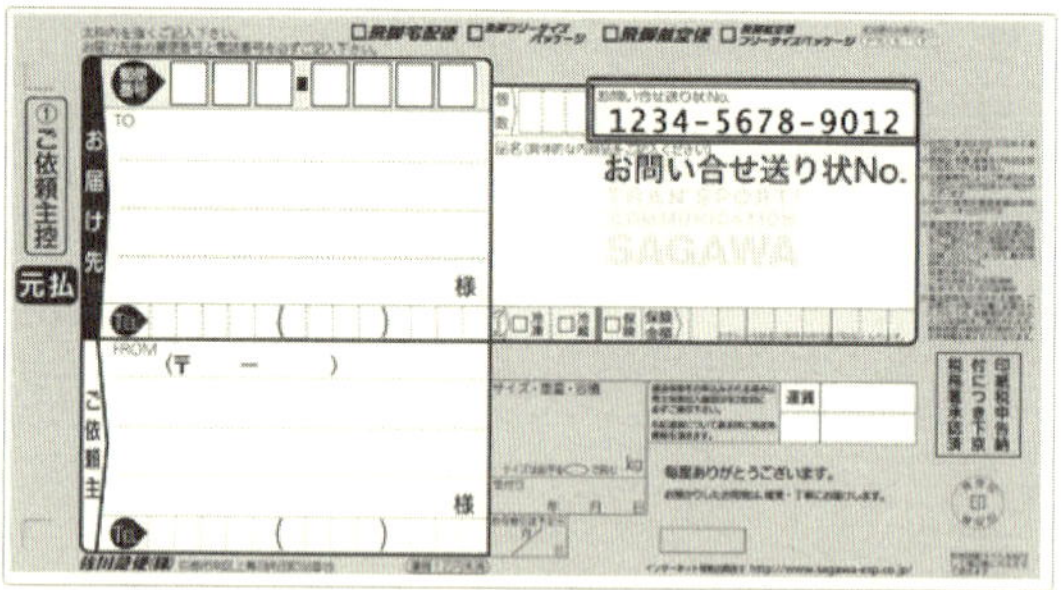

追跡番号やお問い合わせ番号があれば、各運送会社のホームページにて商品の配達状況が確認でき安心です。

サイズ別・追跡番号つきのおすすめ発送方法

ここで、サイズ別におすすめの追跡番号つき発送方法を紹介します（図5－4－6）。

3cm以下の小さい物ならクリックポスト

長辺34cm、短辺25cm、厚さ3cm以下で1kgまでならクリックポストがおすすめです。全国一律164円と、宅急便よりも低コストで利用できます。

クリックポストのサイトにアクセスして決済を行い、専用の宛名ラベルを印刷して荷物に貼り付けて郵便ポストへ投函します。荷物は、お客さんのポストに配達されます。

クリックポスト（日本郵便）

http://www.post.japanpost.jp/service/clickpost/

Ａ４サイズ、４ｋｇ以内の物ならレターパックプラス

Ａ４サイズ、４ｋｇ以内なら、レターパックプラスがおすすめです。全国一律５１０円です。郵便窓口や一部のコンビニでレターパックを買い、レターパックに入れて封をするだけ。厚みが３ｃｍより少し大きいときはクリックポストが使えないので、こちらがおすすめです。発送は郵便窓口、あるいはポストに投函します。配達員が対面でお客さんに手渡すタイプなので安心です。

図5-4-6 郵便局の個別番号検索ページ

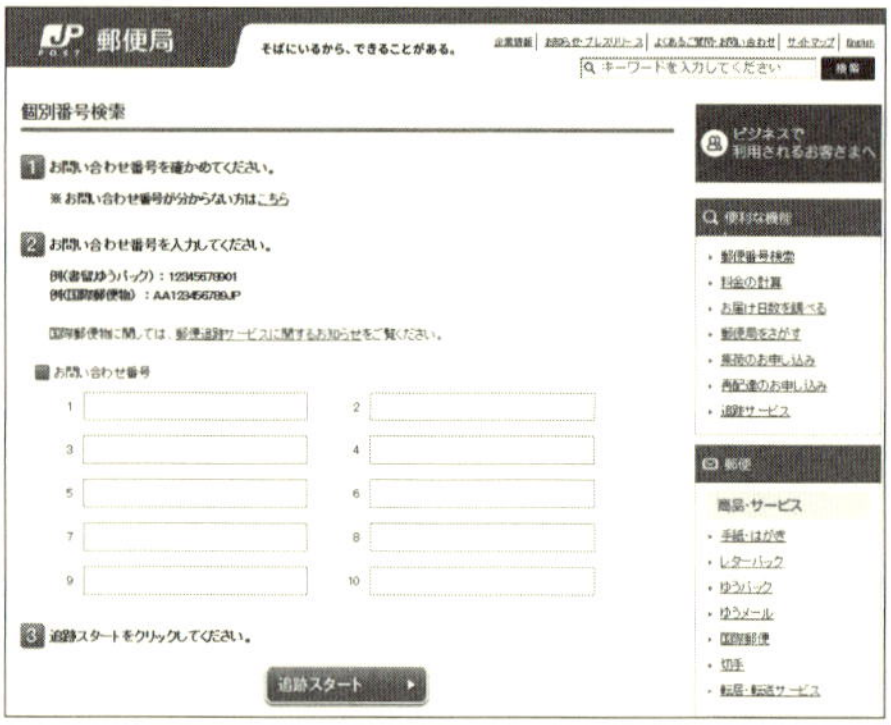

クリックポストやレターパックプラスは郵便局が扱っているサービスなので、以下のページで配送状況を確かめることができます。
https://trackings.post.japanpost.jp/services/srv/search/input

匿名配送で安心な、メルカリ便

自分の住所を伝えるのが不安という人は、「メルカリ便」がおすすめです。匿名配送なので、お互いに名前や住所を伝えなくても取引することができます。メルカリ便は、ヤマトの提供する配送（ネコポス、宅急便コンパクト、宅急便）を利用して行っているもので、ヤマトの通常料金よりもお得なサービスなのです。

インターネット上で配送用コード（2次元コード）を生成し、ヤマトの営業所やコンビニに商品を持ち込むか、自宅に集荷に来てもらって配送することができます。宛名書きも会計も不要です。配送料金は、売上金から差し引かれます。

サイズはA4から宅急便450サイズまで幅広く対応しており、基本的に全国一律の送料で配達ができます。（200～450サイズの場合は、距離によって追加料金がかかる場合があります）

メルカリ便についての詳細

https://www.mercari.com/jp/help_center/category/3/

もっとも安い配送方法を調べるなら「送料の虎」で

大きいサイズの商品を送る際や、送料について迷った時には、「送料の虎」というサイトが便利です（図5-4-7）。

このサイトでは、サイズ、重さ、発送元、発送先を入力するだけで、どの配送方法が一番安いのかを調べることができます。ゆうパック、宅急便など国内の配送サービス24種類もの配送方法を比較して、配送料金を計算してくれます。出品する際に不安を感じる人は、このサイトを参考にすると良いでしょう。

送料の虎〜宅配便・郵便・引越しの料金比較

http://www.shipping.jp/

図5-4-7 送料の虎トップページ

ホーム
宅配便
国際宅配便
引越し
出品テンプレート
郵便番号
CPIの
レンタルサーバー
.com .net .club
30円から
この価格は期間限定!
宅配便の料金検索
送る・受け取る
宅配便サービス詳細
出品テンプレート
おすすめサービス
送るノウハウ

サイズや重さなどの各種情報があれば、こちらのサイトを使うだけで最安値やベストな発送方法がすぐにわかります。無料で活用できるので、ぜひ使ってみてください!

5-5

商品発送後のトラブル対応

よくあるトラブル①：「不具合がある」などのクレーム

中国から仕入れてくる商品の場合、商品の破損などの連絡があったら、返品してもらわずに新品をもう一度送り直してあげるのがおすすめです。というのも、中国仕入れの商品は、ほとんどが安めのノーブランド品でしたよね。仕入れにかかる費用を考えて安上がりであれば、送り直した方が良いのです。交換するためには、お客さんが返品するための送料を負担したり、連絡をとったりと、意外と手間とコストがかかります。

再送するときは、お客さんからどんな不具合・不良あるのかをしっかりと聞いたうえで、同じ症状が見られないかを確認してから発送してくださいね。

よくあるトラブル②：「商品が届いていない」と連絡が届いた

お客さんから「商品が届いていない」という連絡が来た場合、どういった対応を取ればいいのでしょうか？

まずは、「追跡番号（お問い合わせ番号）」を確認しましょう。らくらくメルカリ便やポスパケット、レターパックなどでは、お問い合わせ番号から荷物の状況を確認することができます。また、商品の配達状況やおよその位置は、ネットで簡単に調べられます。

追跡番号を調べて、「到着」「投函完了」になっていなければ、「もうしばらくお待ちください」と連絡を入れましょう。その際に、追跡番号を知らせて、到着日の目安をあわせて伝えると親切です。

一方、「到着」になっているにも関わらず届いていない場合、次の2つのことをお客さんに確認してもらいましょう。

追跡番号で「到着」になっている際、お客さんに確認すること

・お届け先住所に間違いがないか
・同居人が荷物を受け取っていないか、ポストの中を再確認してもらえないか

住所が違った場合は、正しい住所まで商品を再送しましょう。「住所は合っているけど届いていない」場合は、お客さんが不在の間に家族の人が代わりに受け取っている可能性があります。また、たまにポストの中をしっかりと確認していないお客さんもいるので、「念のため、もう一度ポストを確認していただけませんか」と柔らかく確認をお願いしましょう（図5－5－1）。

ここまでやっても商品が届いていない場合は、運送会社に問い合わせてください。それでもどうにもならない時は、「ビジネスにトラブルはつきもの」と割り切って、安い商品ならもう一度送ってあげましょう。

図5-5-1 商品が届かない時の例

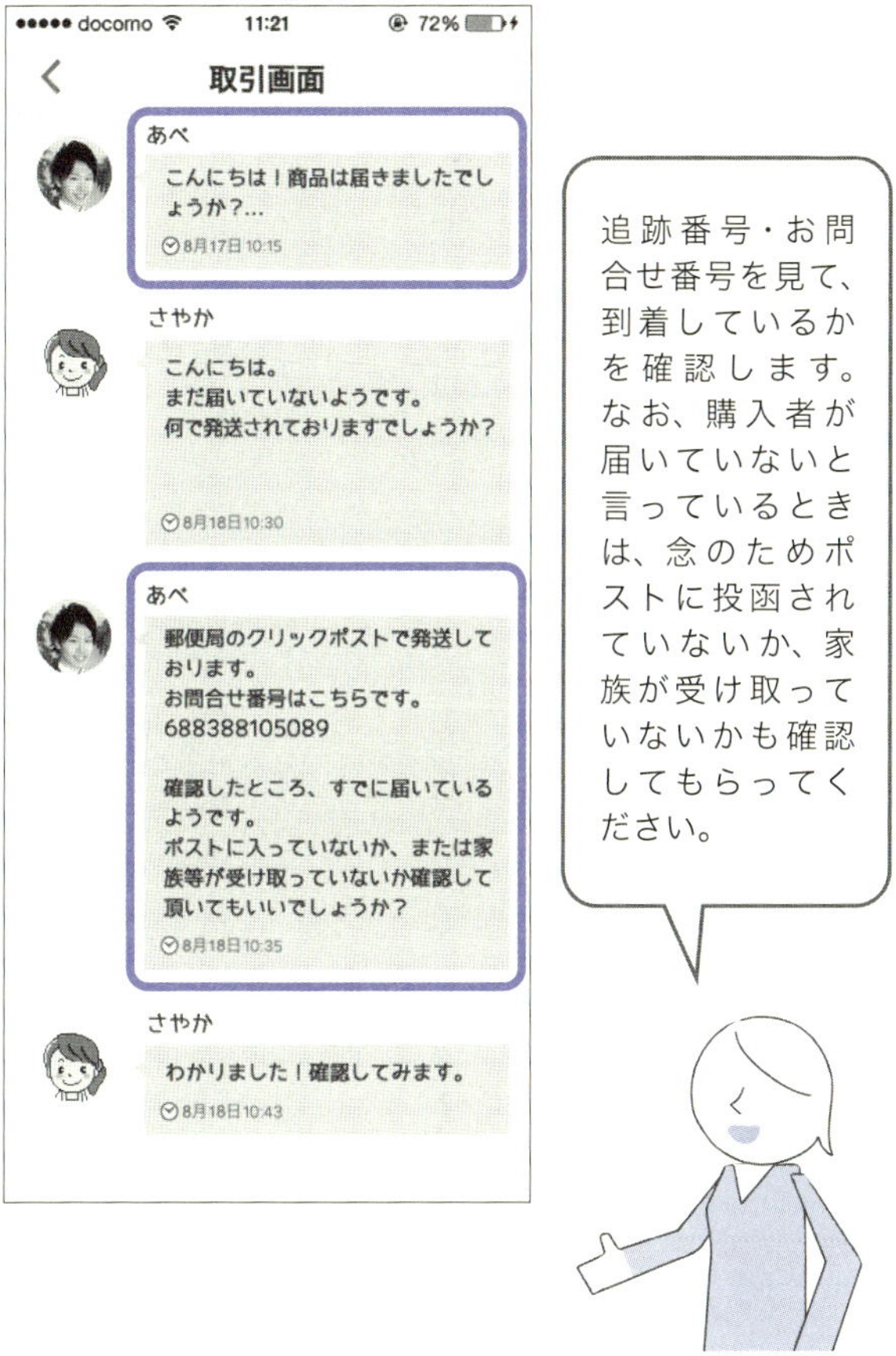

よくあるトラブル③：お客さんが受取通知、評価をしてくれない

メルカリでは、お金のやり取りをお客さんと直接行うのではなく、メルカリが間に入ってお金の受け渡しをしてくれます。そのため、不良品や説明文と違う商品が届いた場合、お客さんが「受取通知」のボタンを押さなければ、出品者の売上となりません。

そのため、受取通知を忘れている人や音信不通になってしまった人との取引について、いつまでも「売り上げにならない」ということが起こってしまう場合があります。

発送後、1週間経っても連絡がなく、追跡番号を確認して「到着」となっている場合は、まずはお客さんにメッセージを送りましょう。お客さんがメルカリを使い慣れていない場合、ネットショッピング感覚で購入して、商品を受け取ったら取引終了だと考えている人もいます。

早期に受取通知を催促してしまうと、お客さんは「急かされている」と感じてしまい、あまり印象が良くありません。もしかしたら、お客さんは忙しくて評価を忘れているだけという可能性もあります。そのため、1週間以降を目安にしましょう。お客さんにメッセージを送るときは、くれぐれも失礼のないよう、丁寧な文面を心がけてくださいね。

お客さんへの確認コメント例

> 商品はお手元に届きましたでしょうか？届いていらっしゃいましたら、お手数ですが、受け取り通知をお願いします。もしまだお手元に届いていない場合は、配送会社に確認をいたしますので、ご報告よろしくお願いいたします。

確認のメッセージをお客さんに送っても反応がない場合は、メルカリ事務局に相談してみましょう。事務局がお客さんに直接連絡をとってくれます。取引開始から一定の日数が経つと、取引連絡のところに事務局へのお問い合わせボタンが出てきます。メルカリ事務局からお客さんへ連絡をとってもらい、72時間以上経過しても、お客さんから連絡が来ない場合は、自動的に売上金が反映される仕組みになっています。また、評価についても「良い」にしてくれます。トラブルの場合でも、メルカリ事務局が親切に対応してくれるので安心ですね。

トラブルが生じたら、どんな場面でも、丁寧な対応を心がけてください。トラブルの際の対応が、高評価へとつながるのです。

5-6

月30万以上安定して稼ぐために今後するべきこと

利益計算式をマスターする

せっかく商品が売れたのに「予想していた利益より少なかった」とがっかりすることがないよう、利益計算をしっかりと行う必要があります。

まずは1つひとつの商品において、なるべく経費を少なくして利益を多くするよう、出品価格を決めましょう。

商品を1個売るために必要なコストは、商品の仕入原価だけではありません。まずは、どんな費用がかかるのかきちんと把握しましょう。中国輸入のビジネスを行うためにかかる費用は、主に8つあります。

中国輸入にかかる8つのコスト

1. 仕入価格
2. 代行手数料＝仕入価格×5％
3. 中国内送料
4. 国際送料
5. 為替手数料（現在のレートに＋1円）
6. 販売手数料＝出品価格×10％
7. 国内送料（お客さんへの配送料）
8. その他（関税、消費税、通関手数料）

なお、代行会社を利用する際は、買付依頼をすると見積りを出してくれます。その際には、1～4までに5の為替手数料を加味した金額で計算されます。

通関手数料は200円、関税、消費税は次の式で計算できます。

関税　＝（商品代金＋国際送料）×関税率
消費税＝（商品代金＋関税）×消費税率

関税は、扱う商品の種類、金額で変わります。詳しい金額や計算方法は、次のサイトで確認してみてください。

・少額輸入貨物の簡易税率
http://www.customs.go.jp/tsukan/kanizeiritsu.htm
・関税率
http://www.customs.go.jp/tariff/index.htm
・税関お問合せ
http://www.customs.go.jp/question1.htm

利益は、販売価格から前述した8つのコストを引いた金額ということになります。
利益を計算するには、次の式を利用しましょう。

利益計算式

利益＝販売価格－（仕入価格＋代行手数料＋中国内送料＋国際送料＋販売手数料＋国内送料＋その他経費）

※ここでは、すでに為替手数料も含めた計算式としています。

では、ここで1つ練習問題を解いてみましょう。

次の条件で売れたら、どれくらいの利益が見込めますか？

代行会社を利用した場合で、為替レートと為替手数料は計算済み、代行手数料は5％、販売手数料は10％で、その他経費は入れずに計算してください。

販売価格	3000円
仕入価格	500円
中国内送料	50円
国際送料	300円
国内送料	250円

いかがでしょうか？

解答は、次のようになります。

3000（販売価格）－｛3000（販売価格）×0・1（販売手数料）｝－｛500（仕入価格）＋50（中国内送料）＋300（国際送料）＋250（国内送料）｝－｛500（仕入価格）×0・05（代行手数料）｝＝1575

答え：1575円

この計算式さえわかっていれば、例えばアリババの仕入原価とメルカリですでに売り切れている商品の値段を参考にして、「自分がその商品を転売すると、実際どれくらいの利益が出るのか」を、おおよそ計算することができます。

慣れたら挑戦したい「OEM」

利益の計算やメルカリでの販売に慣れてきたら、次のステップとして「OEM」や「外注化」に取り組んでみましょう。

OEM（Original Equipment Manufacturing）とは、他社ブランドの製品を製造することで、主に製造する企業がこの言葉を用います。商品をゼロから企画するのではなく、すでにある商品の別のカラーを作ったり、少し仕様を変えてオリジナル商品を製造ができます。既存の売れている商品がありましたら、そちらをお客さんからもらったフィードバックを元にアレンジしてみると、より良い商品ができるでしょう。

中国輸入を行っている人の中には、ＯＥＭを利用しＰＢ（プライベートブランド）を作っている方もいます。最近ではＯＥＭを代行する会社が増えたため、個人の方でも気軽に制作できるようになっています。日本では、「セブンプレミアム」や「トップバリュ」と言えば、馴染みがあるかもしれませんね。

オリジナル商品を作るのは、難しいことではありません。ＯＥＭを代行してくれる業者も多いので、ＯＥＭしたい商品があったら、それをどうしたいか伝えるだけです。商品の種類にはよりますが、１００個以上の注文から受け入れてくれます。

「簡易OEM」から始めよう

ノーブランド品を独自のパッケージに入れたり、商品本体にロゴ入れなど行うだけ。それだけで、簡単にオリジナル商品になります。中国の工場でオリジナルパッケージを作って入れてもらうのも良いですし、自分でパッケージを作って入れ替えるだけでも十分です。簡単な工夫ですが、ちょっとしたプラスαで、ライバルと差別化ができ利益をあげていくことができるのです。

ただし、OEMの場合「どの商品」を対象にするかがとても重要です。せっかくオリジナル商品を作っても、商品選定のピントがずれていれば売れません。ライバルが参入してこないメリットも活かされないので、OEMについては転売に慣れて売れ行きの商品がわかってきてから取り組むことをおすすめします。

「外注化」でさらに利益アップ！

転売の作業（コメントの返答・取引連絡・発注作業など）をある程度マスターしたら、その作業を人に任せる、いわゆる「外注化」をしていきましょう。

たった1人で転売をしていると、万が一、あなたが体調を崩したり、手を動かせなくなった際、収入がなくなってしまいますよね。そこで、どんな時でも収入を得られる仕組みづくりをしていくのです。その第一歩としてやるべきことが「外注化」です。

外注スタッフを募集する求人サイトがあるので、そこを利用すると良いでしょう。例えば、クラウドワークスやランサーズなどです。募集文は、他に求人を行っている企業のものを参考にしてみてください。外注化すると、より多くの商品を売ることができ、利益も多くなります。

商品を中国から輸入するメルカリ転売については、以上です。

本書を全て読み終え、実践していただければ、月に30万円以上を確実に稼ぐことができるようになります。

月に30万円以上の副収入を手に入れることができたら、今の生活が見違えるように変わるでしょう。間違いないです。

メルカリ転売は、今がチャンスです。

国内仕入れからもうワンステップ上がるためにも、どんどん挑戦してみてくださいね！

おわりに

本書を最後まで読んでくださり、ありがとうございました。

「メルカリ中国輸入転売」のノウハウは、いかがでしたか？

難しいことは1つもないと、おわかりいただけたのではないでしょうか。

あなたは、すでに【月30万円以上の副収入】を得るための、充分なノウハウを手にしています。ここからは行動するだけです。それだけで、間違いなく月30万円以上を稼げるようになります！


とは言え、最初の1歩を踏み出すときが、もっとも大変ですよね。

誰でも、新しいことに挑戦するのは、ためらってしまうもの。だからこそ、まずは難しく考えずに、ただただ手順通りに進めてみてください。国内仕入れよりステップは多いものの、慣れてしまえば簡単なことばかりです。大量仕入れができて、しかも【中長期的に稼ぎ続けられる】可能性に満ちた中国輸入のメルカリ転売は、ぜったいに踏み出す価値がありますからね。

転売のビジネスセンスは、実践するほど磨かれます。月30万円以上を稼ぐのも、難しいことではありません。ライバルが少ない今なら、どんどん利益を大きくしていける絶好のチャンスです。あなたが夢に近づくきっかけを本書が提供できれば、これほどの喜びはありません。ぜひ、今この瞬間から、メルカリ中国輸入転売に挑戦してみてください。

本書やメルカリ転売について、疑問や質問をお持ちの方は、いつでもご連絡をお待ちしています！

・阿部悠人の個別相談連絡先

LINE＠：https://line.me/ti/p/%40qqs5734p

ID検索：@abe0515

こちらのQRコードを「QRコードリーダー」で読み取っていただくと、阿部悠人のLINE連絡先を追加できます。個別質問・相談はこちらへ

●著者紹介

阿部 悠人（あべ ゆうと）

フリマアプリビジネスの第一人者

大学３年生の就職活動中、経営者に触発され起業を決意。すでに面接が進んでいた企業には断りの連絡を入れ退路を断つ。本の影響もあり、アフリカでの中古車輸出で起業するものの、資金力のなさ、ハードルの高さ故に断念。

ビジネスど素人の著者でもできるビジネスはないか？と、ネットで調べたところ、ヤフオクで不用品販売というのが目に留まり実践する。大学サークルの余興で使った「使い古した馬の被り物」を1円で出品した結果、最終的には429円で売れる。

そして、自宅の不用品、友人からの譲受品、ゴミ拾いなどを行い生計を立てるさながら、仕入れ先の模索を行う。その結果、昔100円ショップの仕入れ先であった中国の義烏（イーウー）に目をつける。現地に1人で行き、中国語がわからないものの、身振り手ぶりで仕入れを行う。ただ、大量に仕入れたものの全く売れず、東京に引っ越すと同時にすべてを破棄。

その後も、多数の転売ビジネスに取り組む。ブックオフでの古本せどり、家電量販店に足を運びAmazonで販売する家電せどり、中国輸入ビジネス、Amazon輸出などなど多数挑戦するが、どれも収益は微々たるもので平行線状態。

そんな中、たまたま安く仕入れる場所としてフリマの開催日程を探していたところ、「メルカリ」というアプリを知る。当時は全くもって無名であり、メルカリで稼ぐ情報は全くなかったものの、独自でメルカリ転売のノウハウを開発する。その結果、うなぎ上りで収入が増え、半年で月商450万円、月利120万円を達成する。

その後、実績が認められ、当時はまだなかった日本初のメルカリビジネス塾をスタート。そして、同様の手法にて稼げる個人が続出し、メルカリ転売ノウハウを確立する。今現在、コンサルタントとして多くの方に転売ビジネスや情報発信ビジネスを指導している。

公式メールマガジンは1万人、LINE@は5000人と多くの人に購読され、自身のブログは月間45万PV、月間訪問ユーザー数は15万人を超えるプロブロガーでもある。2016年6月には自身初の書籍『メルカリ転売入門』を出版し、累計1万部達成。

・公式ブログ：http://fripro.jp/
・LINE@　：https://line.me/ti/p/%40qqs5734p
　ID検索：@abe0515
　こちらのＱＲコードを「ＱＲコードリーダー」で読み取っていただくと、阿部悠人のLINE連絡先を追加できます。個別質問・相談はこちらへ

●注意

(1) 本書は著者が独自に調査した結果を出版したものです。
(2) 本書は内容について万全を期して作成いたしましたが、万一、ご不審な点や誤り、記載漏れなどお気付きの点がありましたら、出版元まで書面にてご連絡ください。
(3) 本書の内容に関して運用した結果の影響については、上記(2)項にかかわらず責任を負いかねます。あらかじめご了承ください。
(4) 本書の全部または一部について、出版元から文書による承諾を得ずに複製することは禁じられています。
(5) 商標
本書に記載されている会社名、商品名などは一般に各社の商標または登録商標です。

編集協力：ふじもと めぐみ

月《つき》30万《まん》以《い》上《じょう》を確実《かくじつ》に稼《かせ》ぐ！

メルカリで中国《ちゅうごく》輸入《ゆにゅう》→転売実践講座《てんばいじっせんこうざ》

発行日　2017年　5月26日　第1版第1刷
　　　　2019年　1月20日　第1版第4刷

著　者　阿部《あべ》　悠人《ゆうと》

発行者　斉藤　和邦
発行所　株式会社　秀和システム
〒104-0045
東京都中央区築地2丁目1−17　陽光築地ビル4階
Tel 03-6264-3105（販売）Fax 03-6264-3094
印刷所　日経印刷株式会社　Printed in Japan

ISBN978-4-7980-5090-4 C3055

定価はカバーに表示してあります。

乱丁本・落丁本はお取りかえいたします。

本書に関するご質問については、ご質問の内容と住所、氏名、電話番号を明記のうえ、当社編集部宛FAXまたは書面にてお送りください。お電話によるご質問は受け付けておりませんのであらかじめご了承ください。